图 2-3 This is now 公司的网站主页
（http://www.thisisnowexhibition.com）

图 2-5 Nerisson 网站首页
（http://www.nerisson.fr）

图 2-7 Second World Cup 网站首页
（http://www.secondworldcup.com）

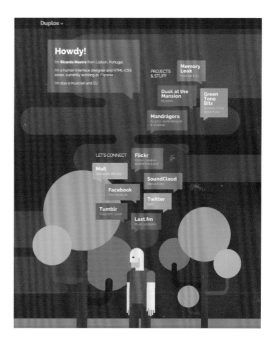

图 2-8 Duplos 网站首页
（http://duplos.org）

图 2-13　Jan Mense 网站首页
（http://www.janmense.de）

图 2-16　Flat Design vs. Realism 网站首页
（http://www.flatvsrealism.com）

图 2-17　Flourish Web Design 网站首页
（http://www.floridaflourish.com）

图 2-27　Svkariburnu 网站首页
（http://www.svkariburnu.com）

图 2-36　三栏式结构网页示例 1
（http://www.petaholics.com）

图 2-41　左右组合网页示例 4
（http://www.powerofdreams.ch）

图 2-53　水平线型分割网页示例 1
（http://runbetter.newtonrunning.com/products）

图 3-2　两端对齐网页示例 1
（http://www.megacultural.art.br/web/）

图 3-5　图形化文字网页示例
（http://will-harris.com/index.html）

图 3-7　网页中的文字设计示例 2

（http://www.caofashion.com.br）

图 3-13　Bau-Da 网站首页字体设计

（http://www.bauda.com）

图 3-19　网页中文字图形化示例 1

（http://www.akitchen.fr）

图 3-24　网页中文字颜色设计示例 2

（http://ryankeiser.net）

图 4-1 网页中图像的使用示例 1
(http://www.hud.ac.uk)

图 4-3 网页中图像的使用示例 3
(http://jinglejoes.com)

图 4-7 网页中的手绘图像示例 1
(http://www.hochburg.net/de/)

图 4-9 网页中的手绘图像示例 3
(http://www.sj63.com/gotoweb.asp?id=503389557)

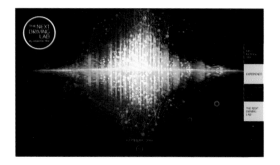

图 4-17 网页中图像与背景统一的示例 1
(http://tndl.hankooktire.com/kr/main/index.do)

图 5-2 网文中色彩的鲜明性示例 2
(http://www.jesuisunicq.com/home)

图 5-6　网页中色彩独特性示例 3
（http://www.feriasparacurtir.com.br/apresentacao）

图 5-8　网页中色彩独特性示例 5
（http://new.kaspersky.com）

图 5-11　网页中色彩的适宜性示例 3
（http://karaagekun.lawson.jp）

图 5-12　网页中色彩的适宜性示例 4
（http://www.kbsn.co.kr/kids/main.php）

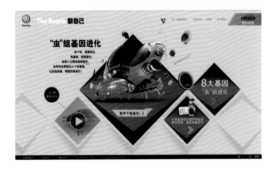

图 5-17　网页中黄色的联想性示例 1
（http://vwbeetle.cn/pc/）

图 5-20　网页中绿色的联想性示例 2
（http://carolinawildjuice.com）

图 5-24　网页中蓝色的联想性示例 2
（http://air-social.com）

图 5-28　网页中单色使用的示例 3
（http://rosewaterfilm.com）

图 5-41　网页中补色的使用示例 3
（http://barcampomaha.org）

图 6-6　网页右侧设置导航栏示例 1
（http://www.powerofdreams.ch）

图 6-9　网页右下方设置导航栏示例
（http://www.kaisersosa.com）

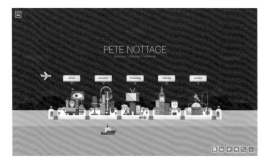

图 6-10　网页中部设置导航栏示例 1
（http://www.petenottage.co.uk）

图 6-14　网页中新型导航设计示例 2
（http://www.wowmakers.com）

图 6-17　索引式主页示例 1
（http://flavinsky.com/home）

图 6-23　综合式主页示例 1
（http://www.web.burza.hr）

图 6-30　网页中页脚设计示例 1
（https://zh.airbnb.com/?cdn_cn=1）

图 6-32　网页中图形符号的使用示例 1
（http://www.popwebdesign.net）

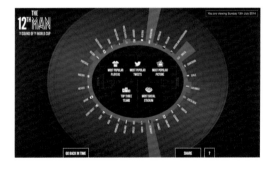

图 6-33　网页中图形符号的使用示例 2
（http://bookmakers.co.uk/12th-man/）

21世纪普通高等学校数字媒体技术专业规划教材精选

网页界面艺术设计

何丽萍 编著

清华大学出版社
北京

内容简介

本书主要分析总结了网页界面设计中的各元素——版式、色彩、字体和图像等——在网页界面设计中所承担的功能和作用，并总结出这些元素在网页界面设计中所具有的特点，以及需要遵循的形式美的设计规律。

因为传递信息是网页的最主要功能，所以在遵循形式美法则的基础上，如何提高网页信息传递效率也是本书所要解决的主要问题。本书对网页的导航、链接、页脚、图形符号等影响网页信息传递的各因素也做了一定的分析并总结了一些设计规律和设计方法。

希望本书能为广大网页设计爱好者提供一定的帮助。

本书封面贴有清华大学出版社防伪标签，无标签者不得销售。
版权所有，侵权必究。侵权举报电话：010-62782989 13701121933

图书在版编目（CIP）数据

网页界面艺术设计／何丽萍编著．—北京：清华大学出版社，2015（2018.2重印）
（21世纪普通高等学校数字媒体技术专业规划教材精选）
ISBN 978-7-302-39715-1

Ⅰ.①网… Ⅱ.①何… Ⅲ.①网页制作工具－高等学校－教材 Ⅳ.①TP393.092

中国版本图书馆 CIP 数据核字(2015)第 065997 号

责任编辑：刘向威
封面设计：文　静
责任校对：焦丽丽
责任印制：李红英

出版发行：清华大学出版社
　　网　　址：http://www.tup.com.cn, http://www.wqbook.com
　　地　　址：北京清华大学学研大厦 A 座　邮　编：100084
　　社 总 机：010-62770175　邮　购：010-62786544
　　投稿与读者服务：010-62776969，c-service@tup.tsinghua.edu.cn
　　质量反馈：010-62772015，zhiliang@tup.tsinghua.edu.cn
　　课件下载：http://www.tup.com.cn, 010-62795954

印 刷 者：北京富博印刷有限公司
装 订 者：北京市密云县京文制本装订厂
经　　销：全国新华书店
开　　本：185mm×230mm　印张：10.25　彩插：4　字　数：204 千字
版　　次：2015 年 6 月第 1 版　　　　　　　　　印　次：2018 年 2 月第 4 次印刷
印　　数：4001～5000
定　　价：29.00 元

产品编号：056066-01

前言
FOREWORD

  现代网络技术的飞速发展，令人目不暇接。网页的界面设计也经历了形形色色的各种流行趋势，但无论网页技术如何变迁，网页界面的设计风格如何更迭，设计师都要遵照从用户的需求出发，设计的功能性与形式感完美统一的网页界面设计基本原则。

  在崇尚个性的今天，网页设计也不可避免地需要体现自身的特点。在遵循基本设计原则的前提下，设计师需要根据行业和用户的差异，合理增减个性化元素。这首先要求网页设计师要对行业和用户做一个理性的调查和分析，再结合设计师自身对艺术、审美、时尚的理解，运用感性和理性的手法，在网页设计作品中综合完美地表现出来，这也是现代网页设计师的根本使命。

  简单地说，一个成功的网页设计作品应使信息能够高效、准确无误地传递给用户，用户对网页内容印象深刻并保留深入了解的欲望。这其中，组成网页作品的文字、色彩、图形或图像、链接、导航等元素都是构成网页作品成功不可或缺的必要条件。如何将这些可视和可用的元素以恰当的形式表现出来，同时完美地展现其功能，是目前很多设计者需要认真思考的，这也是本书作者的初衷，希望能以此为契机，和网页设计界的同仁共同探讨未来网页设计发展的各种可能性。由于能力所限，本书内容或许会有各种不妥之处，望各位批评指正。

编 者

2015 年 1 月

目录 CONTENTS

第 1 章　网页设计概论 …………………………………………………… 1

　1.1　网页设计基础 ………………………………………………………… 1

　　　1.1.1　网页的定义和基本构成 ………………………………… 1

　　　1.1.2　网页的分类 ……………………………………………… 2

　　　1.1.3　网页的特点 ……………………………………………… 5

　1.2　网页的整体规划 ……………………………………………………… 6

　　　1.2.1　前期调研阶段 …………………………………………… 7

　　　1.2.2　创意风格定位 …………………………………………… 7

　　　1.2.3　设计制作阶段 …………………………………………… 8

　　　1.2.4　发布调试阶段 …………………………………………… 8

第 2 章　网页的版面设计 ……………………………………………… 9

　2.1　网页版面设计的基本原则 …………………………………………… 9

　　　2.1.1　强调 ……………………………………………………… 11

　　　2.1.2　重复 ……………………………………………………… 11

　　　2.1.3　对比 ……………………………………………………… 14

　　　2.1.4　平衡 ……………………………………………………… 21

　　　2.1.5　对齐 ……………………………………………………… 24

　　　2.1.6　节奏和韵律 ……………………………………………… 25

2.1.7　简约……………………………………………………………29
　2.2　网页版面设计的内容………………………………………………32
　　2.2.1　网页版面的视觉引导……………………………………………32
　　2.2.2　页面内容………………………………………………………33
　　2.2.3　视觉元素………………………………………………………34
　2.3　网页的版面结构……………………………………………………35
　　2.3.1　规则的组合方式………………………………………………35
　　2.3.2　不规则的组合方式……………………………………………45
　2.4　网页版面的基本类型………………………………………………46

第3章　网页文字的编排与设计………………………………………58

　3.1　网页文字的使用和编排……………………………………………58
　　3.1.1　网页字体的使用………………………………………………58
　　3.1.2　字号……………………………………………………………59
　　3.1.3　字距和行距……………………………………………………59
　　3.1.4　网页文字的编排………………………………………………60
　3.2　网页文字设计的基本原则和方法…………………………………63
　　3.2.1　网页文字设计的基本原则……………………………………64
　　3.2.2　网页中的文字设计……………………………………………70

第4章　网页图像的处理…………………………………………………79

　4.1　网页图像的规格……………………………………………………79
　　4.1.1　网页图像的使用规则…………………………………………79
　　4.1.2　网页图像的格式………………………………………………84
　4.2　图像与风格主题……………………………………………………85
　4.3　背景与统一…………………………………………………………91

第5章　网页色彩…………………………………………………………98

　5.1　网页色彩模式………………………………………………………98
　　5.1.1　网络安全色……………………………………………………98

5.1.2　网页色彩模式……………………………………………………99
　5.2　网页配色原则………………………………………………………………100
　　　5.2.1　色彩的鲜明性…………………………………………………100
　　　5.2.2　色彩的独特性…………………………………………………100
　　　5.2.3　色彩的适宜性…………………………………………………102
　　　5.2.4　色彩的联想性…………………………………………………105
　5.3　网页配色方法………………………………………………………………115
　　　5.3.1　单色的使用……………………………………………………115
　　　5.3.2　相似色的使用…………………………………………………116
　　　5.3.3　补色的使用……………………………………………………121

第6章　网页设计中需要注意的一些细节……………………………………126
　6.1　导航…………………………………………………………………………126
　　　6.1.1　导航的位置……………………………………………………126
　　　6.1.2　导航的表现形式………………………………………………132
　　　6.1.3　导航设计中需关注的问题……………………………………136
　6.2　主页…………………………………………………………………………136
　6.3　页脚…………………………………………………………………………143
　6.4　网页中的图形符号…………………………………………………………145

附录　参考网站……………………………………………………………………149

参考文献……………………………………………………………………………154

后记…………………………………………………………………………………155

第 1 章

网页设计概论

1.1 网页设计基础

1.1.1 网页的定义和基本构成

网页——HTML 文档——是存放在 Web 服务器上供客户机用户浏览的页面。网页的学名称作 HTML 文件,HTML 的英文全称是"Hypertext Markup Language",中文翻译为"超文本标记语言",是一种可以在 Internet 上传输,并可被浏览器认识和翻译成页面显示出来的文件。要让浏览器显示出想要网页表现出的样式,必须要用 HTML 语言对版面的编排加以设定。浏览器是一个用于定位和阅览 HTML 文档的程序。网页的核心就是超文本技术。

网页包括以下基本内容:文字、图像、链接、声音和影像等。

1. 文字

文字是网页中的基本元素。信息的传达是以文字为主的,如果网页缺少文字元素,用户会对网页信息无法准确理解和接受。在网页中可以通过字形、大小、颜色、底纹、边框等来设计文字的属性。这里指的文字是文本文字,而非图形化的文字。

2. 图像

图像能使网页的意境发生变化,并直接关系到浏览者的兴趣和情绪。图像是除文字之外,网页上最重要的设计元素。一方面,图像本身是传达信息的重要手段之一,与文字相比,它更直观、生动,可以很容易地把文字无法表达的信息表达出来;另一方面,图像的应用使网页更具有可视性和趣味性,使用户更容易理解和接受。

3. 链接

链接是网页编写中最神奇的部分,它广泛地存在于网页的图片和文字中。从一个网页指向另一个目的终端,这个目的终端可以是一个网页,也可以是一幅图片、一个电子邮件地址、一个文档文件或者是当前网页中的某个特定位置。因为链接的存在,网页之间才能成为一个整体,可以说链接是一个网站的灵魂。

4. 声音和影像

随着技术的发展和用户需求的增加,简单的网页功能已不能满足人们的视觉和听觉的要求,丰富多彩的音频和视频元素已成为网页必不可少的组成部分。

随着技术的发展,在网页未来的发展过程中,必定会有更多更新颖的用户体验出现。

1.1.2 网页的分类

因为网站数量众多,网站内容纷繁复杂,针对网页的分类有多种方式,本书尝试从以下几个方面将网页进行分类,以便能从不同类型中寻找出网页的共性和特点。

按照网站的技术表现形式网页可以分为:静态型网页、动态型网页和交互型网页。

(1) 静态型网页

静态型网页是指网页文件里面没有程序代码,不会被服务器端执行。这种网页文件通常在服务器端以扩展名.htm 或是.html 储存,表示里面的内容是以 HTML 语言撰写。在浏览这种扩展名为.htm 的网页时,网站服务器不会执行任何程序就直接会把档案传给客户端的浏览器直接进行解读的工作。所以除非网站设计师更新过网页档案的内容,否则网页的内容不会有变化,如图 1-1 所示。

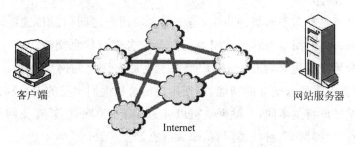

图 1-1　静态网页的工作流程

(2) 动态型网页

动态型网页是指网页文件内含有程序代码,并会被服务器端执行。这种网页文件通常在服务器端以扩展名.asp 或是.aspx 存储,表示里面的内容是 Active Server Pages(ASP)动态网页,含有需要执行的程序。使用者要浏览这种网页时必须由服务器端先执行程序后,再将执行完的结果下载给客户端的浏览器。这种动态网页会在服务器端执行一些程序,由于执行程序时的条件不同,所以执行的结果也可能会有所不同,因此称为动态网页,如图 1-2 所示。

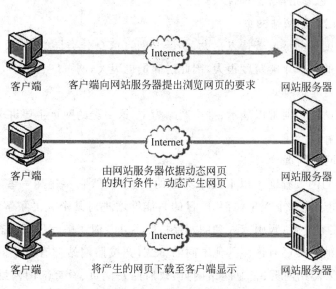

图 1-2　动态网页的工作流程

(3) 交互型网页

交互型网页是动态型网页的衍生,是指网页和用户之间信息传递的双向性动作,网页用户能够直接与网页内容或该网页的其他读者进行信息交流。交互型网页使得虚拟的网络世界变得更客观化,给用户带来了更加人性化的网络体验。在一定程度上,所有的网页都需要有交互的功能,以便用户能选择他们浏览的内容和方式。

按照网站推广目的不同,网站网页可以分为：商业类网页、教育类网页、休闲娱乐类网页、行业门户类网页、科技类网页、个人网页等。

(1) 商业类网站网页

商业类网站网页具有很强的商业目的,网页设计的成功与否直接关系到企业良好形象的树立,是企业和消费者互动最便捷的窗口。

(2) 教育类网站网页

教育类网站网页是针对特定人群,围绕特定的教育主题,进行特定教育信息的发布、搜索以及互动学习。该类型的网页信息量较大,互动要求高。

(3) 休闲娱乐类网站网页

此类型的网站网页内容和日常生活息息相关。网页特点是内容丰富、娱乐性强,设计风格多变,色彩搭配较为活泼、鲜艳。

(4) 行业门户类网站网页

行业门户网站网页显著特点是大、多、全,网页信息分类详细,涉及的信息也非常广泛。其针对的用户年龄跨度很大,因此访问量也很大,网页广告也多,风格各异。

(5) 科技类网站网页

科技类网站网页通常以展示、推广产品为主,这一类的网页主要讲求创意的新奇,设计个性的标新立异。

(6) 个人网站网页

个人网站的网页有别于以上几个类型的网页,虽然它不排斥一些基本的业务信息,但它更倾向于展示个人生活部分,目的是能够增进对某个人的了解。不仅有专业吸引力,而且很有个性,吸引家人和朋友保持联系并及时了解其最新动态。

对于网页的分类还有许多其他不同的方式,如按照网站拥有者不同,网站的网页可以分为：个人网站网页、企业网站网页、政府网站网页、教育部门网站网页、组织机构网站网页等；按照网站功能不同,网站的网页可以分为：信息浏览类网站网页、即时交流类网站网页、电子邮件类网站网页、搜索引擎类网站网页、电子商务类网站网页等。由于篇幅所限，在此不一一赘述。了解网页的分类，有助于今后进行网页设计时，针对不同的用户群进行明确定位，准确把握网页的风格特点，设计出成功的网页作品。

1.1.3 网页的特点

1. 具有交互性

相对于文字、印刷、影视等媒体，网络媒介的最主要特点是其交互性。人们可以运用综合的信息传递方式，借助视、听、触觉等方式来获取更广泛的资源。

网页的交互性使用户享有高度的主控权，他们可以根据自己的需求选择所需要的信息，表达自己的观点甚至形成某种形式的作品，用户也可以对网上的某些信息做出自己的决定，并将其加入到网络媒体中，成为网络信息的一部分。因此在网络世界里，信息的传达、发表不再是少数报社、出版商所拥有的特权，每个人都可以成为信息的消费者，同时也是信息的生产者，用户也不再仅仅是信息的接受者，他们拥有更大的选择和参与机会。

网页中的交互性将有助于满足大众对更个性化信息日益增长的需求，以及实现某种愿望、需求、目标和能力，满足用户参与的意愿。

2. 时效性强

时效性是信息社会对信息传达的最基本的要求，网页以其快捷的传输速度充分体现着现代信息社会的时效性。

虽然当前网络速度仍然会受到某些客观因素的影响，但是相比传统的传播媒介，时效性是互联网在信息传输方面的明显优势。当报纸、杂志还在制版印刷时，当广播、电视还在后期制作时，通过互联网发布的信息早已传达到用户的身边。互联网的迅速快捷为网页信息的传递提供了前所未有的传播捷径。

3. 更新及时

由于网页信息传达所具有的交互性特点，使得网页信息必须进行不断的更新，因此网页设计作品的发布并不意味着设计的结束，设计人员必须根据用户的反馈信息和网站各个阶段的经营目标，配合网站不同时期的经营策略，对网页进行定期或不定期的调整和修改。网页发布后的最终结果仍然是以数字化的形式出现的，所以信息的增减和形式的调整都非常方便,因此全部网页传递到主机上之后,设计人员仍然可以及时地对网页中的相关内容做适当的调整,以达到最好的视觉效果和传达效应。

4. 不受时间和地域的限制

网络信息的依托是 Internet,所有信息一旦进入互联网都处于同一时间和空间内,不再受地域和时间的限制,因此网页这一与生俱来的优势令其他的传播媒介都望尘莫及。

5. 信息反馈及时、准确

在互联网上信息反馈通过计数器、留言本、电子信箱及对用户的跟踪系统来完成。相对于传统的市场调研而言,这种基于数字技术的信息反馈方式更加及时、准确、有效和全面。

6. 具备多媒体功能

网页资源最大的优势之一就是它的多媒体功能。互联网通过文字、声音、图像、动画甚至虚拟显示技术等形式进行信息的交流传递,用户可以在网络上一边查找信息,一边享受互联网带来的乐趣,比如一些在线音乐、网络电视、电影、网络视频直播等等。因此,多媒体的综合运用是网页信息传播的特点之一,也是未来的发展方向。

7. 注重立体结构设计

网页的最终表现效果受到平面的表现空间以及用户终端设备等因素所限制,因此网页更注重立体的整体纵深性结构设计,这也是有别于传统媒介的一个显著特点。合理、完善的网页立体结构对于网站本身的上传维护、内容扩充和移植,以及网站的推广和营销都有着重要的影响。

1.2 网页的整体规划

随着网页技术的飞速发展和硬件条件的提高,更为复杂、庞大的站点应运而生,网站的创建不再是简单地将几个静态页面串联起来,或者开发几个界面模板后再填充内容就可以了。网站的建设已成为一个庞大的系统工程。在确定了网站的主题内容之后,网页的设计要进行前期调研、风格定位、素材收集、设计制作、调试发布、后期维护等一系列的工作,然后以一种清晰而明朗的方式来开始这项系统的工程。

1.2.1 前期调研阶段

调研阶段是所有设计工作的基础,也是非常重要的一个环节,这主要涉及设计工作的可行性和可操作性。与其他的设计准备工作一样,要从主客观角度入手了解以下内容:相关行业的市场特点和发展态势,行业特定消费群的年龄、心理特点和消费习惯,竞争对手的优势和劣势,以及所能够提供的资金投入量等。只有对这些内容进行了翔实的调研工作后,才能够做到有的放矢。

解决了以上的问题后,就可以着手确定网站的风格定位、栏目划分及技术方案等项目内容了。

1.2.2 创意风格定位

1. 创意的重要性

创意是网页的灵魂所在,缺乏创意的网页是没有生命力的,好的创意可以使网站深入人心,充满魅力,让用户印象深刻,过目不忘。但是创意不是凭空而生的,它需要设计者平时的学习和素材的积累,在这个过程中创意会逐渐孕育而生,是一个厚积薄发的过程。

创意是风格的灵魂。通常设计是在规则与反规则、技术与反技术的矛盾中追新求异。网页的界面设计规则与印刷品的设计规则一样,存在于信息要素、装饰要素、思维要素等不同关系之中。

2. 网页的风格定位

网页的风格定位和网页的创意需要统一,网页的整体设计风格需要依靠图形、文字、色彩等元素来表现,不同性质的行业网站应体现不同的风格类型。

一个网站的内容如果没有特色,风格将失去价值;同样,一个网站的设计如果没有风格,内容也将损失价值。在风格定位时必须要考虑以下几点。

(1)确保形成整体统一的界面风格。页面上所有的图像、文字、背景颜色、区分线、标题、注脚等要形成统一的风格,这种整体的风格要与其他网站的界面风格相区别,形成自己的特色。

(2)确保网页界面的清晰、简洁、美观。这会使得读者对网页有更大的访问意愿。

(3)确保视觉元素的合理安排。在有些情况下,让读者在浏览网页的过程中体验到视觉的秩序感、节奏感和新奇感。

1.2.3 设计制作阶段

这个阶段是最实际的操作阶段,如果没有前期的准备工作,这个阶段的工作就是无的放矢。因此,在这一阶段的工作中,设计者需要按照前期既定的决策方案,在网页界面创意设计定位策略的引导下,进行设计制作工作。为了保证网站整体风格的统一,任何不符合整体风格的设计元素都必须删去,分散注意力的图形或者线条,以及可有可无的"装饰"都应该适当摒弃,其最终的目的是使参与界面形式构成的元素与页面内容有机地融合,页面上所有的信息将通过最有效的方式传递给用户。

1.2.4 发布调试阶段

网页作品设计制作完成后,需要进行测试和发布。大多数的设计者认为只要网页界面看起来没有问题就可以了。其实网页的测试内容还包括界面、功能和目标,对这些内容进行测试无误后,才能完成最后的上传发布,这是网页设计的最后阶段。网页设计的成功与否取决于用户的评判。经过试运行调整后,设计制作工作就宣告完成,接下去的工作就是维护与更新。

网页的更新和维护是网站建设中极其重要的部分,否则网页会因内容陈旧、信息过时而无人问津,或因技术原因而无法运行,这是目前网站建设中的常见弊病之一。

第 2 章

网页的版面设计

2.1 网页版面设计的基本原则

网页的版面设计是将丰富的意义和多样化的形式组织在一个统一的结构中,所有细节不仅各得其所,而且各有分工。网页的版面设计规则与印刷品的设计规则一样,存在于信息要素、装饰要素等不同关系之中。文字、图片、符号的相互作用能够建立起一种整体的信息,构成网页的信息要素。点、线、面、色彩的组合运用是构成网页的装饰要素。网页界面的装饰是各部分视觉要素在页面内进行规划的结果,网页的整体结构是基于装饰要素对立或平衡而形成的。

网页的版面结构划分是将视觉元素进行相互配合时所显示出的视觉差异,它体现在各种视觉元素的形态、对比、协调等关系中。网页的版面结构对表达网站的风格类别具有十分重要的作用。因此,可以从一些优秀的网页中了解网页版面设计的一般法则,这有利于突破一般构成法则追求网页设计的至高境界。图 2-1 和图 2-2 是 Yojin 公司的网站,网站界面采用卷纸效果增加界面的层次感和动态效果,在传统的二维空间营造三维效果,整个网页的版式和风格与网站的建筑主题非常吻合,有效地展示了网站的宣传主题。This is now 公司的网站首页则采用了版式分割的创意手法,使用动态图形作为背景,同时将网站的主题贯穿与网页的始终,如图 2-3 所示。

图 2-1　Yojin 公司网站主页
(http://www.yojin.co.kr/eng/common/main.asp)

图 2-2　Yojin 公司登录页面
(http://www.yojin.co.kr/web2/member/login.asp)

图 2-3　This is now 公司的网站主页
（http://www.thisisnowexhibition.com）

2.1.1　强调

　　强调突出了非常重要或意义重大的内容。这种类似于构成法则中的特异原则，使得设计者可以创造出能够有效实现层次结构的设计。为了围绕这一原则来设计，设计者必须分析网站的内容，确定应该采取何种分级方式。保证强调的方法可以是列举页面所需的全部要素，然后将其按照不同等级的重要性进行编号，在此基础上来进行设计，从而使页面的版面层次结构清晰，重点突出。这样做的时候要避免试图强调一切内容，当全部内容都成为重点的时候，往往也都不会成为重点。Pegadaecologica 网站首页采用了图形和简单文字结合的方式以突出网站主题，页面中最突出的即是网站的标题，简明扼要，重点突出，如图 2-4 所示。

2.1.2　重复

　　相比较强调而言，重复在设计中是以一种平淡温和的面貌出现的。重复的表现形式多种多样，它可以是事物的形状、大小、方向以相同的方式出现，使页面产生安定、整

图 2-4　Pegadaecologica 网站首页
(http://www.pegadaecologica.org.br)

齐、规律的氛围。重复在版面设计中的优势是其可预测性。如果网站以统一的方式来展现其版式结构，对于用户来说，其整体识别性就会增强。相反的，如果一个网站没有统一的基本形式，每个页面展现的都是不同的模板，那么这个网站就不具有视觉连续性。Nerisson 首页采用了六角形的绝对重复方式，将各个链接放入其中，这样做的方式可以让用户非常方便地找到导航内容，也强化了页面的视觉效果，如图 2-5 所示。Gonzelvis 网站的首页则采用了立体四边形的方式在首页排列组合了重复的图形，并将网站的导航图形放在其中，页面采用了交互式动态网页技术，使得网站在简单的二维空间中显示出丰富的立体效果，增加了网站的视觉趣味性，如图 2-6 所示。和前面两个网站不同的是，Second World Cup 网站的首页为了突出网站的主题，则采用了大小不同的圆形做不规则的排列组合，这种方式使得页面富有动感，并且和网站主题非常贴切，如图 2-7 所示。

　　当然也要注意重复在视觉感受上容易显得呆板、平淡、缺乏趣味性，因此对于网页版面中的重复，需要关注的是版面构成元素如何以不拘一格的方式多次出现。可以适当地添加一些交叉与重叠，增加页面版式的趣味性，提高用户的视觉关注度。Duplos

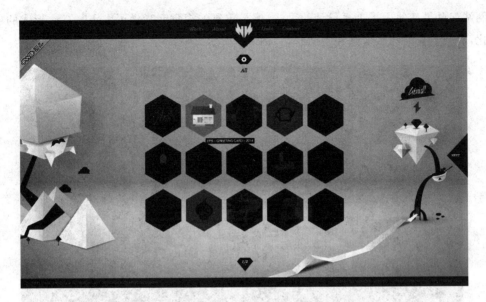

图 2-5 Nerisson 网站首页
(http://www.nerisson.fr)

图 2-6 Gonzelvis 网站首页
(http://www.gonzelvis.com)

网站首页虽然使用了重复设计的手法，但是重复的视觉元素做了大小、位置、形式的变化，增加了页面的层次感和空间感，如图2-8所示。

图2-7　Second World Cup网站首页
(http://www.secondworldcup.com)

2.1.3　对比

对比是两个或者多个视觉元素之间的差异。设计中的对比能够给网页带来视觉上的变化，不会让人感觉到索然无味。对比还能帮助网页聚集焦点，从而解决对某些元素作为重点的需求。对比还可以对其他设计原则产生影响。在网页版面上，设计者可以运用不同的视觉元素来实现对比。比如图形、文字和色彩三者在页面中排列组合，互相比较之下，会产生大小、明暗、强弱、粗细、疏密的对比。大众甲壳虫的网站网页采用了图形对比的方式，将车身的造型和唱片以及封套之间的图形做了对比组合，结合黄黑两色的对比，极大地增强了画面的视觉冲击力，如图2-9所示。Sberbank1网站的网页采用了线和面的对比方式构成手法，丰富了页面的层次感，如图2-10所示。网站的内页也采用了大面积对比的方式，在变化的基础上增加页面的稳定感，适合放置更多的文字内容，装饰性和功能性结合得很好，如图2-11所示。

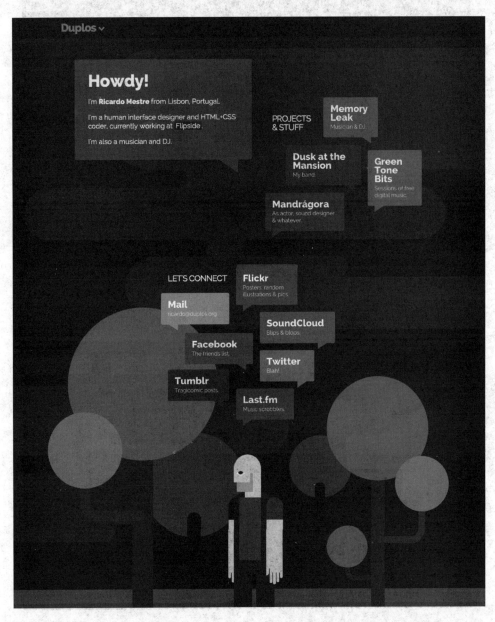

图 2-8 Duplos 网站首页
(http://duplos.org)

图 2-9　大众甲壳虫网站首页
（http://vwbeetle.cn/pc/）

图 2-10　Sberbank1 网站首页
（http://sberbank1.ru/#about）

图 2-11　Sberbank1 网站内页
（http：//sberbank1.ru/#about）

　　由于对比常常被用于加强所期望的重点，它能在页面的层次结构上产生最大的影响。通过这种方式，对比可以对网页版面的视觉秩序产生作用。它能够迅速引起用户对关键元素的关注。因此，设计者需要认真考虑网站的种种需求，有意识地运用对比来吸引用户关注某些元素。GoodBytes 网站首页设计将页面分割成两部分，综合运用了色彩、图形、文字和图像对比的方法，极具个人风格。网页将内容丰富的图像内容作为背景，网站的主题和标识则运用简单的文字说明，页面的下半部分使用了简单的色块和图片背景做对比，色彩则运用了两组互补色，整个画面在丰富的背景的前提下，运用了简洁夸张的对比手法，使得页面繁中就简，很好地展示了网站的主题，如图 2-12 所示。Jan Mense 网站也同样将网页分为上下两个部分，以图形和文字对比的方式，统一在矢量图风格之中，很好地体现了设计网站的风格特色，如图 2-13 所示。对比的手法非常多样化，也包括图像内容以及版式设计方面的对比，这在很多网站设计中非常常见，如图 2-14、图 2-15 所示。

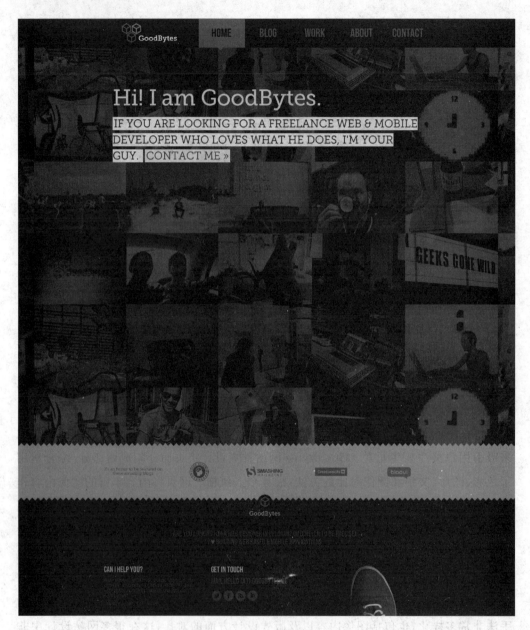

图 2-12 GoodBytes 网站首页
(http://www.goodbytes.be)

图 2-13 Jan Mense 网站首页
(http://www.janmense.de)

图 2-14　Vilebrequin 网站首页
(http://magazine.vilebrequin.com/en/)

图 2-15　Sjobygda 网站首页
(http://www.sjobygda.no/en/)

2.1.4 平衡

相比较对比而言,平衡的版式设计会给网页带来一种视觉的稳定。平衡原则主要考虑设计中的元素如何分布,使得页面中的每一个板块能做得基本一致,以达到设计的视觉平衡。也就是说,页面中的某些元素被集合到一起,就形成了视觉重量,这些视觉重量一定要用一个分量相当且相反的重量来抵消掉,否则就会导致视觉的不稳定性。

平衡有两种方式:对称平衡和不对称平衡。

1. 对称平衡

当页面的构成关于某条轴线对称,并且轴线两边的视觉重量相同时,就实现了对称平衡。网页中的绝对对称平衡很少用到,但左右水平对称的手法常常出现在网页的版式设计中,通常是从中间分开的左边和右边有着相同的视觉重量,如图 2-16 所示。Flourish Web Design 网站首页也使用了均衡对称的手法,将一些必要的导航信息放入左右对称的位置,在平衡视觉的同时更将用户的视线成功地吸引到重要的信息位置,如图 2-17 所示。

图 2-16　Flat Design vs. Realism 网站首页
(http://www.flatvsrealism.com)

图 2-17　Flourish Web Design 网站首页
(http://www.floridaflourish.com)

2. 不对称平衡

不对称平衡是指使用不同元素来实现整体的平衡。当页面的视觉重量被均匀分布到对称轴上，而对称轴两边的个体元素并不相对应时，就形成了不对称平衡。

因为不对称平衡常常是对所呈现内容的一种更加自然的处理方式，所以它在网页设计中极其常见。Nest 企业网站首页的版式设计也采用了类似对称平衡的手法：画面的主要部分虽然在面积上被分为不完全对称的两个部分，但是在视觉设计上使画面达到了均衡对称，如图 2-18 所示。BlackBerry 企业网站首页将页面分为两个相等的部分，左右两边分别以文字和图像的内容将页面分为两部分，使页面整体达到了统一均衡的效果，如图 2-19 所示。This is Grow 企业网站首页也采用了不对称平衡的手法，采用文字和大面积空白的方式使网页达到了视觉平衡的效果，如图 2-20 所示。Gavin Castleton 网站首页的不对称均衡的图像对比手法也产生了强烈的视觉效果，如图 2-21 所示。

图 2-18　Nest 网站首页

(http://nest.com)

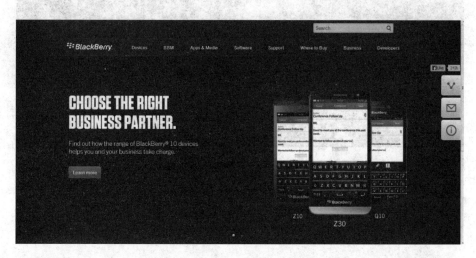

图 2-19　BlackBerry 网站首页

(http://us.blackberry.com)

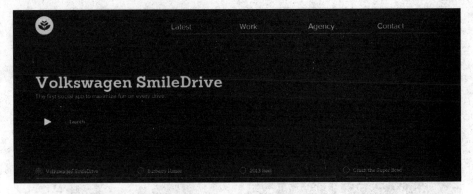

图 2-20　This is Grow 网站首页
（http：//www.thisisgrow.com）

图 2-21　Gavin Castleton 网站首页
（http：//www.gavincastleton.com/index2.htm）

2.1.5　对齐

对齐是指以尽可能协调的方式将元素的自然边界（或边框）排列起来的过程。这常常会用到网格。网格作为一种行之有效的版面设计形式，将构成主义和秩序的概念引入到设计中，使所有的设计元素之间的协调统一成为可能。

对齐设计在实际运用中特别强调比例感、秩序感、整体感和严密感，创造一种简洁朴实的版面艺术表现风格，但有时也会给版面带来呆板的负面影响。因此设计者在运用对齐设计时，应适当打破网格的约束，也可以使用更微妙的对齐方式来实现统一且令人满意的设计，使画面更生动活泼，更具有趣味性。

Glossy Rey 网站首页采用了矩形图像和图形对比的方式组合而成，并使用了绝对对齐的方式，将不同的元素统一在相同的组合方式中，画面层次丰富的同时也将导航链接直观的呈现给用户，如图 2-22 所示。如果网站内容比较丰富，网页内容量较大，对齐的手法非常实用，可以将繁复的内容整理干净，方便用户使用，如图 2-23、图 2-24 所示。有时候简单的文字对齐也可以营造独特的页面风格，如图 2-25 所示。

图 2-22　Glossy Rey 网站首页
（http://www.glossyrey.com）

2.1.6　节奏和韵律

版式设计需要节奏感和韵律感，节奏形式的运用是版式设计的必要方法之一，韵律手段运用合理，可以取得不错的效果。

图 2-23　Dribbble 网站页面
(https://dribbble.com/shots/829473-YouTube-redesign/attachments/86393)

  运动中的事物都具有节奏和韵律的形式规律,节奏与韵律本来是在音乐、舞蹈、诗歌及电影等具有时间形式的艺术中通过视觉和听觉来表现的。节奏本身没有形象特征,只是表明事物在运动中的快慢、强弱以及间歇的节拍。节奏可以说是条理与反复

图 2-24 ECO 网站内页
(http://www.eco-environments.co.uk)

的发展,它带有机械的秩序美。韵律是每个节拍间运动所表现的轨迹,它带有形象特征。在具体的网页设计的运用中,优秀的版面设计富有音乐般的美感,同时丝毫不损其实用性,这不仅需要从形状上,而且要从整体的色彩、大小、明暗等方面综合入手,如图 2-26、图 2-27 所示。

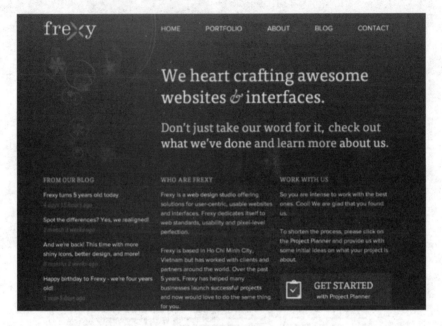

图 2-25　Frexy 网站首页

(http://www.frexy.com)

图 2-26　Million 网站首页

(http://www.millionokcps.com/home#)

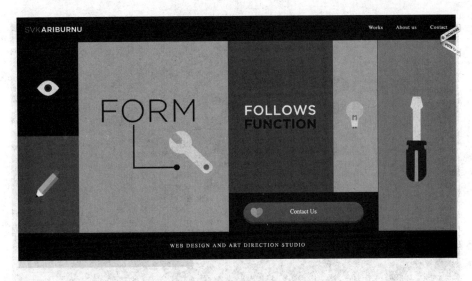

图 2-27　Svkariburnu 网站首页
(http://www.svkariburnu.com)

2.1.7　简约

简约设计历来都是最可行、最受欢迎的一种网站设计方法,这种风格不但能提供最实用的设计,而且永远不会过时。以这种风格设计的网站也非常易于创建和维护。但简约设计并不是一件容易实现的事情,这需要在细节上煞费苦心,在微妙之处独具慧眼,因为"简约"并不意味着"简单"。图 2-28 采用极为简洁的界面设计,加上一些交互式动作,使网站富有一定的动感。设计师将最需要说明的网站主题采用言简意赅的话语标注在页面中心位置,主题突出,视觉中心明确,方便用户使用的同时也试图给用户留下深刻印象,如图 2-28、图 2-29、图 2-30 所示。

简约者讲究"少即是多"。简洁的图形,醒目的文字和宽大的色块会给人以悦目、舒适以及美的享受,令人百看不厌,并回味无穷。所以需要认真研究版式设计中的构成法则,避免做过多的、繁复的装饰。网页设计并非要把整个页面塞满了才能体现信息的丰富性,只要合理安排,使页面达到平衡,即使在一边的部分大面积留白,也同样不会让人感到内容空泛、信息量贫乏,相反会给人留下广阔的思考空间供人回味。只把最主要的导航放在主页上,配以简单图形和背景图片,Back Beat Media 网站的设计师非常明确只有这种做法才能成功地吸引用户的视线,如图 2-31 所示。

图 2-28　简约网页示例 1
（http://www.vtcreative.fr）

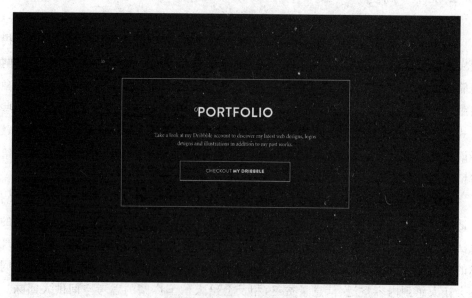

图 2-29　简约网页示例 2
（http://www.vtcreative.fr）

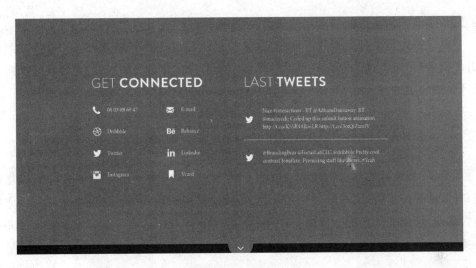

图 2-30　简约网页示例 3
(http://www.vtcreative.fr)

图 2-31　简约网页示例 4
(http://www.backbeatmedia.com)

在生活节奏如此快的互联网时代，由于追求目标的变化，人们的审美观念也在不断变化，但是作为形式美的法则是不变的，网页的版式设计也需要遵循相应的设计规则。但是任何问题都不是绝对的，在遵循这些基本法则的同时，设计者更需要有创新的意识,学会如何将这些基本原则灵活运用,而不是作为规则的奴隶。

"仅仅是遵循某种原则并不能确保成功,也就是说这并不是开启优秀设计之门的'万能钥匙'。……这些原则一次又一次地激发了我优化自己的设计,并且使我了解了设计成败的关键。"①

2.2 网页版面设计的内容

网页版面设计的功能是对视觉元素的内容整合,成功的版面设计可以将信息快速、有效地传递出去,无论是文字还是色彩,无论是视频还是图像都是承载网页版面的内容载体,所以在既定的版面结构中合理地规划构建这些内容要素和视觉元素是非常必要的。

2.2.1 网页版面的视觉引导

人们在阅读中,视觉有一种自然的流动习惯,但是这种视觉的习惯又是可以被视觉元素所影响的,所以如何科学地运用这种习惯,通过一定的手段来引导浏览者的视觉流程是设计师的一个重要任务。视觉流程的形成是由人类的视觉特性所决定的,受生理结构限制,人眼只能产生一个焦点,不能同时把视线停留在两处或更多的地方,可以做的只有依照一定的顺序浏览观察,如图2-32所示。

在网页中虽然是一个动态的视觉流程,但是在平面设计中的很多规律同样适用于网页设计,如均衡、韵律等。一般来说,我们的视觉习惯于从左向右看,从上向下看,所以一个空白的网页给我们带来的自然视觉流程是从左上方到右下方的一个弧形曲线。在这个弧形曲线上,视觉优势从上到下递减,如图2-33所示。

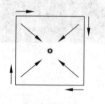
图 2-32 基本视觉流程

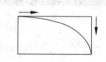
图 2-33 网页中的基本视觉流程

---

① Patrick NoNeil. 网页设计创意书(卷2). 北京:人民邮电出版社,2012.

通过视觉流程分析，有助于我们合理地设置网页中视觉元素的位置，合理分区。比如 LOGO 一般就被放置在被称为"网眼"的左上角——视觉优势区域，而在网页 Banner 广告中，页眉广告比页脚广告效果好也是这个原因。

视觉流程不是固定不变的公式，只要符合人们认知过程的心理顺序和思维的逻辑顺序，就可以灵活多变地运用。通过各种巧妙的编排手段，有可能改变视觉流向，如水平线让视觉左右流动，垂直线让视觉上下流动，而斜线则可以产生不稳定的流动。

2.2.2 页面内容

文字、图片、符号、多媒体等的相互作用能够建立起一种整体的结构信息，构成网页的内容要素。为了方便读者的浏览，设计者必须将信息按主次分类，通过秩序化、条理化构成一个整体的网页形式，然后在此基础上进行网页版面的划分，以突出网页内容的要点。因此，网页的内容构成要素要遵循以下几个基本原则。

1. 网页内容的精心组织

和任何设计一样，网页中的信息内容也需要经过精心的组织梳理，才能确保网页信息内容的有效传递，所有的网页应当保持统一的主题或样式，这样可以将设计统一起来，任何杂乱无章都会影响用户对网页的接受度。

2. 网页正文格式的精心设计

网页版面的基本结构确定之后，作为内容的重要组成部分，正文的设计必须认真推敲，这是网页内容信息的主体。正文的内容模块应当作为设计的中心和焦点，这非常重要，因为这样用户才能在页面上找到他们要寻找的信息。

3. 网页中的文字要准确无误

作为信息传递的基本载体，文字必须做到准确无误，没有错别字、拼写错误等现象，这是任何传播媒介都必须遵守的基本原则。

4. 注重网页的对比度和可读性

再富有创意的设计，也不能忽视网页信息的对比度和可读度。这可以通过对比和强调等手法来实现。

5. 为网页适当插入图片、图表和图形

图片、图标和图形可以使页面更活泼,更富有趣味性,它们比文字更容易让用户接受,可识度较高,所以在网页设计中,图片、图标和图形占据了相当大的比重。但是要注意的是在单个网页中,切忌图片过多,画蛇添足。

6. 为网页适当添加多媒体元素

多媒体元素包括声音、动画、视频片段、音乐背景等,它们在网页设计中的作用类似于图像,甚至更直观,受欢迎度更高。但是单张网页中的多媒体元素要做到主次分明,条理清晰,切忌滥用多媒体元素。

2.2.3 视觉元素

视觉元素是视觉对象的外观表象,是指构成视觉对象的空间、形态、肌理、光色等基本单位。这些视觉元素是组成信息的不同单元,设计师将视觉元素排列组合成有含义的视觉形象,放在载体上进行信息的传达。最基本的视觉形态元素是点、线、面。它们不仅仅是概念中的元素,还可以通过不同的设计手法出现在不同的载体之上,成为具有形状的视觉信息元素。转化为视觉元素之后,点、线、面各有不同的形态。

点、线、面和色彩的组合运用构成了网页的装饰要素。网页版面的装饰是各个部分视觉要素在页面内进行规划的结果,网页的整体结构是基于装饰要素对立或平衡而形成的。加强网页界面的视觉冲击力的常用手段是在冲突或矛盾中求得统一的视觉效果。

网页界面的装饰是将视觉元素进行相互配合时所显示出的视觉差异。它体现在各种视觉元素的形态、对比、协调等关系中。在这个过程中,需要注意以下几点。

(1) 网页版面中的按钮和导航工具清晰

这是用户方便快捷浏览获取信息的基本指南,就像地图一样,必须清晰无误。

(2) 网页的背景添加要适宜

网页的背景不能太花或太乱,不能喧宾夺主,否则会影响网页上主要信息的传递。

(3) 网页的色彩搭配和谐恰当

根据不同的网站主题,需要选择不同的色彩主题,这不仅和色彩的使用习惯有关,也和用户的心理、习俗、环境等各种因素有关。

(4) 各视觉元素大小适中,布局均衡合理

适当运用对比和均衡的手法,保持页面中各视觉元素之间的均衡。营造画面的稳定性和统一性。

(5) 合理利用页面的空白

这里所说的空白是和图形设计术语"空格"(或负向空间)一个概念,是指一个没有文字或图示的页面视觉元素。在网页中保留适量的空白是非常有必要的,空白处可以引导用户的视觉流向,使得页面设计富有生气,同时它还是构建画面平衡与统一的重要视觉元素之一。

2.3 网页的版面结构

网页的版面结构对网页设计来说,就像人体的骨骼一样,是支撑网页内容的坚实基础。网页版面结构需要条理清晰,层次一目了然,这样才能让用户更方便快捷地浏览信息,理解网站想要传达的内容。因此,网页的版面结构划分要尽量人性化,易于浏览和查找。

网页的版面结构决定着网页的基本表现形式,网站版面的划分和不同的排列组合方式对网站内容的表现效果有不同的影响作用。一般来说,网页的版面结构划分为规则的组合方式和不规则的组合方式。

2.3.1 规则的组合方式

1. 上下结构

这是一种很常见的结构划分方式,如果网站内容不多,很适合这种组合方式,比如一些小型网站就比较适合使用这样的框架结构:通常是把企业标志、宣传广告通栏和导航放在页面上方,网站正文、图片、表格等内容放在页面下方。这种方式既可以在所有页面上使用,又可以仅在首页使用,而二三级页面使用其他结构组合方式,如图2-34、图2-35所示。

图 2-34　上下结构网页示例 1

(http://teamexcellence.com)

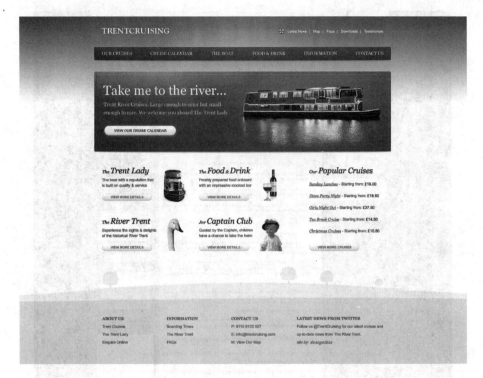

图 2-35　上下结构网页示例 2

(http://trentcruising.com)

如果网页需要有大量的导航且内容不多,可以将页头和导航等内容放在页面的上方,而下方则分为三栏,左右两侧放次级导航,中间放正文,这就是所谓的"三栏式结构"。这种构图方式需要适当的空白来保持页面的空间布局,如图 2-36、图 2-37 所示。

2. 左右组合

这种组合方式也很适合内容较少的网站,一般是把导航放置在页面的左边,而正文、图片等内容则放置在右边,如图 2-38、图 2-39 所示。左侧导航栏的格式是一种由来已久的标准,所以也是一种非常安全的设计方式。也有少数网站把导航放置、广告及下级的内容放在页面的右边,而把页面的正文内容则放置在页面的左边,企业标志、徽章等图像则通常出现在页面的最上方,如图 2-40~图 2-43 所示。究竟采取哪种排列方式,需要根据网页中的内容数量和类型来决定。

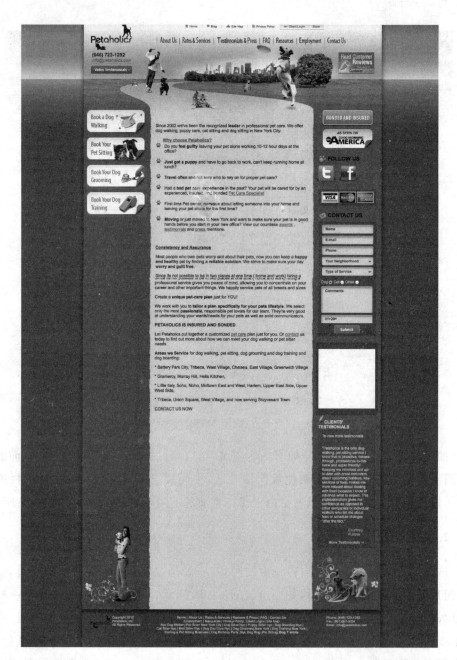

图 2-36　三栏式结构网页示例 1

(http://www.petaholics.com)

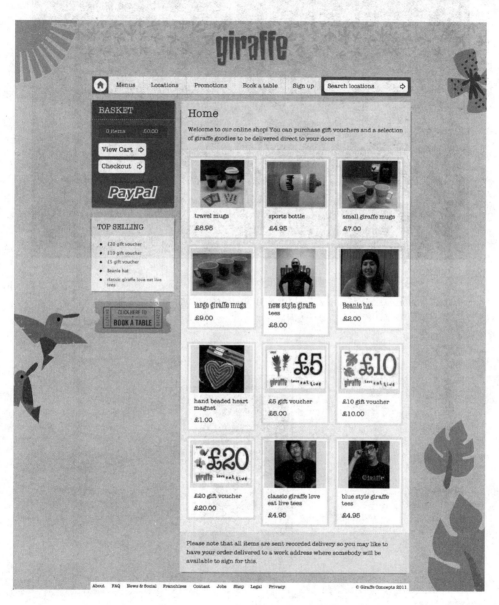

图 2-37 三栏式结构网页示例 2

(http://shop.giraffe.net)

图 2-38　左右组合网页示例 1
（http://aprilzero.com）

图 2-39　左右组合网页示例 2
（http://store.samsung.com/_ui/desktop/static/uk/Galaxy_S5/index.html）

图 2-40　左右组合网页示例 3
(http://www.eatsleepwork.com)

图 2-41　左右组合网页示例 4
(http://www.powerofdreams.ch)

图 2-42　左右组合网页示例 5

(http://www.lg.com/global/g3/index.html#prRoom_news)

3. 上左中右组合

这种组合比较适合信息量较大的网站。这种网页一般除了页面上方放置主导航之外，页面的左右两边也会有分布的导航，页面的中间位置放置信息内容。主导航还会有数量众多的二级导航，如图 2-44 所示。

4. 综合性组合

这种组合比较适合信息量巨大的网站。由于这种网站信息分类详细、涉及的内容繁杂，网页的结构通常会根据需要划分成若干区域，每个区域都可能会出现不同的结构。一般门户类网站的功能模块较多，信息量庞大，很适合这种组合方式，如图 2-45 所示。

第2章 网页的版面设计 43

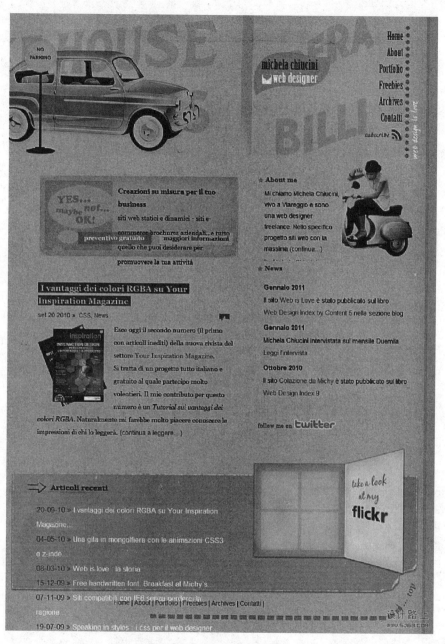

图 2-43 左右组合网页示例 6
(Michela Chiucini Web Designer 网站内页)

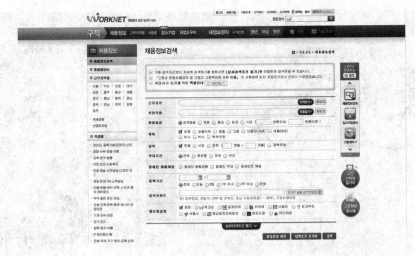

图 2-44 上左中右组合网页示例

(http://www.work.go.kr/)

图 2-45 综合性网页示例

(http://www.imagekorea.co.kr/script/main/)

2.3.2 不规则的组合方式

不规则的组合方式结构比较自由随意,表现手法灵活多样,画面的视觉冲击力较强,设计者往往会在网站的创意、视觉表现上花费心思。一般网页信息量少、强调个性表现的网站喜欢使用这样的方式,通常在网站的导入页或首页中使用较多,有时也会出现在二级页面甚至三级页面中。如鼹鼠乐乐的网站首页就采取了不规则的构图方式,整个页面以黑色为背景,页面中间以鼹鼠洞为主体并设置导航链接。页面的构图方式稳中不失活泼,很好地体现了网站的主题风格,如图2-46所示。而图2-47则是在网页顶部设置了传统的导航栏,页面的主要部分则采用字体化的方式设置了不规则的导航链接,结合交互式响应链接方式,为网页增加了设计感的同时也保持了动感,功能性也更加突出,如图2-47所示。

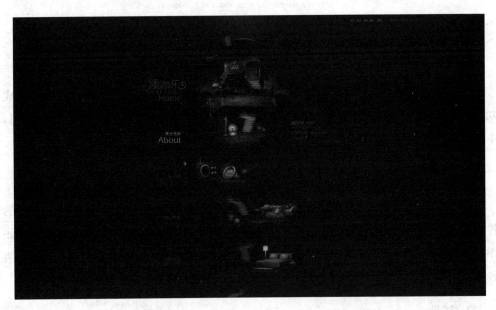

图2-46 不规则网页示例1
(http://www.ppoqq.com/home.html)

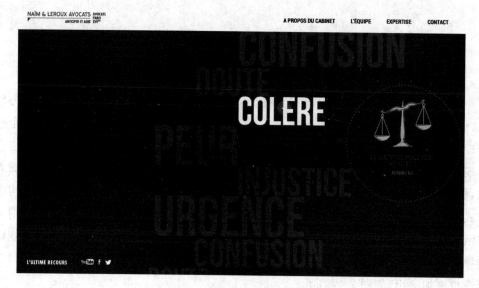

图 2-47　不规则网页示例 2
(http://ultime-recours.com/#!/home)

2.4　网页版面的基本类型

了解网页版面的一些基本类型有助于在设计中有的放矢，还可以从一些既有的成功作品中学习优秀的设计经验。根据不同的划分依据，网页版面的类型内容也不同，本书以网页版面的布局形式，将网页划分为轴型、线型、焦点型、格型和框型。

1. 轴型

轴型结构是沿网页的中轴将图片或文字内容做水平或垂直方向的排列。不同的排列方式产生不同的画面效果：水平排列的页面给人以稳定、平静、含蓄的感觉，如图 2-48、图 2-49 所示；垂直的排列给人以速度感、重量感，如图 2-50、图 2-51 所示。两种方式的排列都可以营造条理分明、层次清晰、节奏感强烈的画面效果。

2. 线型

线型结构是通过水平或垂直的线型分割，将视觉内容在网页上有序或无序地排列组合。这种结构具有强烈的秩序感、速度感和韵律感，这种线型的版面要注意画面中

第2章　网页的版面设计　47

图 2-48　轴型水平排列网页示例 1
(http://nnnavy.jp/#/main/west_3624)

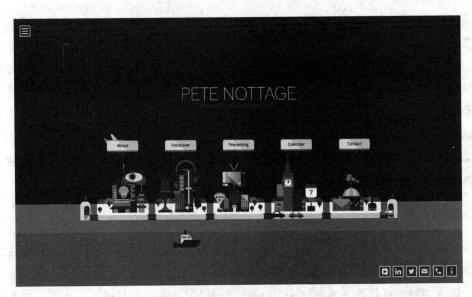

图 2-49　轴型水平排列网页示例 2
(http://www.petenottage.co.uk)

图 2-50　轴型垂直排列网页示例 1
(http://www.fontwalk.de/03/)

各元素的大小、位置、均衡等关系。Outdated Browser 是一个帮助互联网用户获取浏览器最新版本下载地址的站点,网站的首页采用了线型分割的方式将页面分割为若干份,分别放入一些常用的浏览器供用户下载,这种做法非常方便用户使用,界面的设计也简洁明快,如图 2-52 所示。而图 2-53、图 2-54 则是采用了水平线型分割的方式划分页面,前者用了同等分割的方式,给页面营造了安静的秩序感;后者采用的是不规则的水平分割方式,页面的主题突出,视觉元素主次分明,如图 2-53、图 2-54 所示。与垂直或水平的线型结构不同,图 2-55 是水平和垂直线型的组合结构,这样的设计营造了画面的韵律感和速度感,画面形式感更活泼。

3. 焦点型

焦点型的网页版面通过对视线的诱导,使画面具有强烈的焦点效果,这种方式可以将用户的注意力吸引到页面重要信息的位置。

焦点型版面包括以下三种情况:中心式焦点、向心式交点和离心式焦点。中心式焦点是将对比强烈的视觉元素置于网页版面的视觉中心,如图 2-56 所示;向心式焦点是引导用户的视线向网页版面的中心聚拢,形成一种向心力的视觉引导,是一种

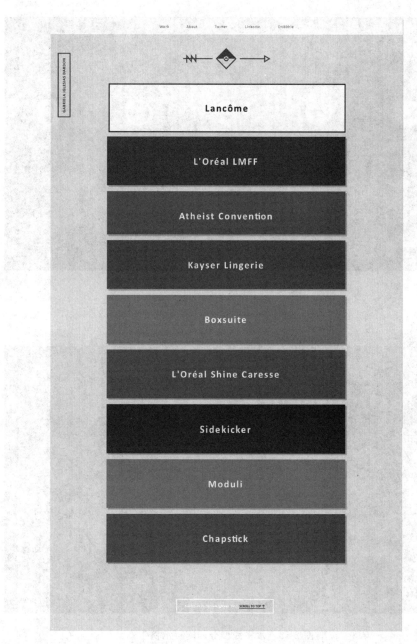

图 2-51　轴型垂直排列网页示例 2
（http://www.gidmotion.com）

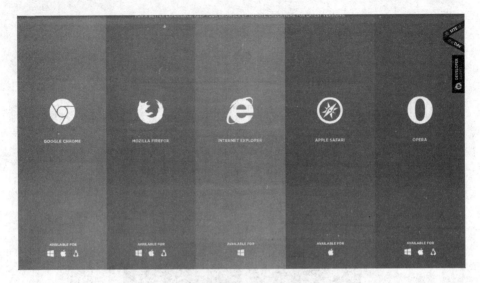

图 2-52 线型分割网页示例
(http://outdatedbrowser.com/en)

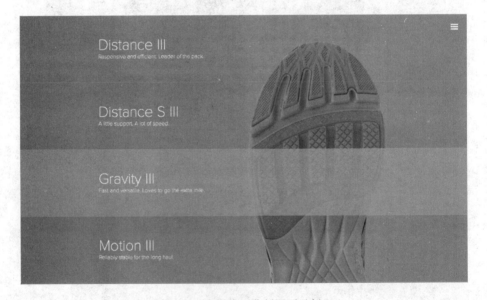

图 2-53 水平线型分割网页示例 1
(http://runbetter.newtonrunning.com/products)

第2章 网页的版面设计 51

图 2-54 水平线型分割网页示例 2
(http://www.thinkingofyou.com.au)

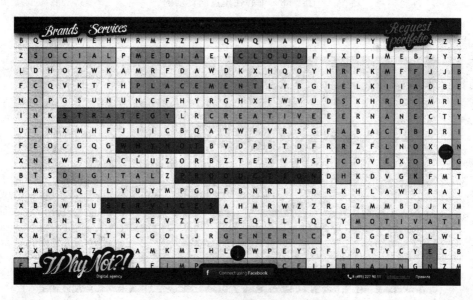

图 2-55 水平垂直组合线型网页示例
(http://w-not.rur)

集中的、稳定的表现手法,如图 2-57 所示;离心式焦点是引导用户视线向外辐射,形成一个离心式的网页版面,是一种外向的、活泼的、更具时代感的手法,如图 2-58 所示。

图 2-56　中心式焦点网页示例

(http://fixate.it)

图 2-57　向心式焦点网页示例

(http://www.toyotown.jp/drive-go-round/)

图 2-58　离心式焦点网页示例
(http://volkswagen-coccinelle.fr/#/)

4. 格型

格型是网页版面设计中的一个常见类型，其方法类似于传统报刊杂志的分栏方法，将二维的页面划分为若干个区域，这些区域成为组织视觉元素的基本框架，从整体的秩序关系中创建网页的版面，如图 2-59 所示。这种格型可以是可见的和不可见的，也可以是规整的形状和异形的形状，总之最后的目的是将不同的视觉元素用一种更适合观看的方式组合构成，如图 2-60 所示。

这种类型的网页版面给人以和谐、理性、秩序的美感，设计者在使用时可以灵活变化，使版面既条理清晰，又不失丰富活泼，如图 2-61 所示。

5. 框型

框型的网页版面给人以稳定感、严谨感、理性感。为了避免画面的呆板，一般网页设计中会采用不对称的手法来使用框型。如安亭新镇网站首页所示，页面采用了不规则的框型结构，画面风格严谨中不失动感，如图 2-62 所示。而 Newton Running 网站首页则是力求在不规则的框型结构中寻求一种稳定的秩序，如图 2-63 所示。Mobee 网站首页和 Volvo Trucks 网站首页采用了水平框架的构图方式，画面结构平稳且具有秩序感，如图 2-64、图 2-65 所示。

图 2-59 格型网页示例 1

(http://nedd.me/en/)

图 2-60 格型网页示例 2

(http://ledbow.cz/home)

图 2-61　格型网页示例 3
（http://weareyours.com）

图 2-62　框型网页示例 1
（http://www.antingnewtown.com）

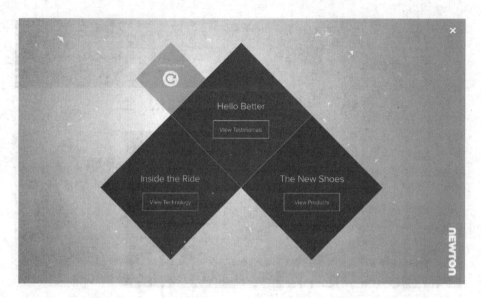

图 2-63　框型网页示例 2

(http://runbetter.newtonrunning.com/menu)

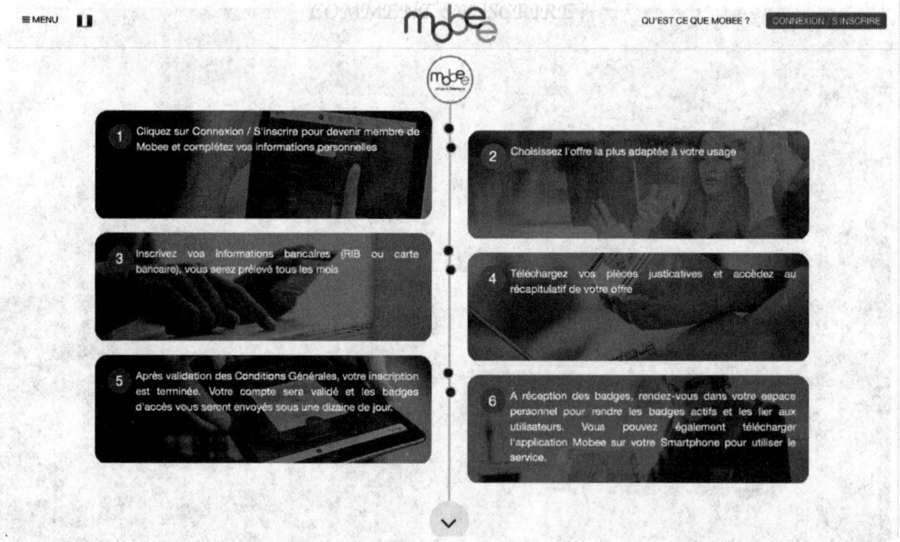

图 2-64　框型网页示例 3

(http://www.mobee.tm.mc)

图 2-65　框型网页示例 4
(http://www.volvotrucks.com)

第 3 章

网页文字的编排与设计

文字作为信息传递的载体,是网页中最基本也是最重要的组成元素之一,在网页中占据着相当大的比重,因此文字编排和设计的好坏直接影响着网页设计的质量。

文字不仅具有最基本的实现字意与语义的功能,还具有和图像、色彩一样的美学功能:网页中的文字通过个体的形态、整体的排列、颜色的组合等艺术手法,呈现出不同的艺术形态,在传递基本信息的同时也给用户带来美妙的视觉体验。因此,有必要对网页文字的编排和设计进行探讨。

3.1 网页文字的使用和编排

3.1.1 网页字体的使用

一般情况下,浏览器默认的标准字体是中文宋体和英文 Times New Roman 字体。如果不进行特殊设置的话,网页中的文字将以这两种标准字体显示,因为这两种字体是可以在任何操作系统和浏览器里正常显示的。Windows 还另外带有四十多种英文字体和五种中文字体,这些字体可以在 Windows 操作系统下的浏览器里正常显示和使用，但是在 Mac OS X 系统却不行，一般的 Mac 机用户可以使用超过 100 种字体。因此，为了正常显示网页字体，需要在使用字体时尽量使用网页安全（Web-safe）字体，尤其是在网页中大量使用字体的时候更应如此。

很多字体都可以划分在几个不同的字体家族中，而同一个家族内部的每种字体都代表着核心字体的不同变化。大多数字体家族都包括常规的字体，以及斜体字、粗体字等变化。

即使了解字体和字体家族的分类和变化，也可以从网络资源中找到相当丰富的字体资源，但是如何恰当地使用字体还是需要认真考虑，因为字体的使用包含强烈的艺术性和情感因素，不仅仅是技术问题。没有用坏的字体，只有不合适的字体：某种特定字体可能不适用于某个设计主体，但是对另一个设计主体却可能是最合适的选择。

为了保持页面的变化，在字体选择时应当至少使用两种字体，但是在任何情况下都不要在网站设计中使用四种以上的字体。同时还要避免把两种不同的字体放在相同的项目中，给用户带来不和谐的操作体验。

有些设计者喜欢使用特殊的字体，但是如果在终端计算机上没有安装这种特殊字体，显示的网页效果可能非常糟糕。为了避免这种不可预见的情况，最好将文字做成图像，然后插入到页面中。

3.1.2 字号

网页中的字号大小可以用不同的单位来表示，例如磅（point）或像素（pixel），以像素为基础单位需要在打印时转换为磅，所以一般情况下建议文字采用磅为单位。

一般字体默认的大小是 12 磅，也有很多综合类网站由于信息量较大，通常会采用 9 磅的字号。有些设计为了吸引用户的注意力，加大字号也是常见的一种手法，但是需要注意无论是缩小字符还是加大字符，都要适可而止，要考虑用户浏览网页时的流畅性。

3.1.3 字距和行距

确定字号的大小之后，还要考虑到字距和行距的变化对文本可读性的影响。可以通过调整 CSS 中 letter-spacing 的属性来取得理想的文字间距,这被称为字体的间距跟踪,主要是调整字行之间的水平间距,应用于每个文字之间的间距。比如希望文字更加开放,给用户宽敞的感觉,可以增加一点文字的间距。

数行文字之间的纵向间距被称为"行距",这是一个印刷术语。适当的行距会形成一条明显的水平空白条,以引导用户的目光,而行距过宽则会使一行文字失去较好的延续性,行距过窄影响文字的可读性。一般情况下,接近字体尺寸的行距设置比较适合正文排版。行距常规比例为 10∶12(字体 10 磅,行距 12 磅)。为了设计的需要,也可以适当加宽或缩小行距,来表现独特的页面效果。

行距可以用行高(line-height)属性来设置,建议以磅或默认行高的百分数为单位。例如 line-height:20pt、line-height:150%。

3.1.4　网页文字的编排

一般页面默认的文字编排形式有三种:一端对齐、两端对齐和居中对齐。不同的对齐方式给网页布局带来不同的视觉效果。

1. 一端对齐

一端对齐分为左对齐和右对齐两种方式,这两种对齐方式都能产生视觉节奏与韵律的形式美感。这种排列方式使文字的行首或行尾自然形成一条清晰的垂直线,构成一种有松有紧有虚有实的排列形式,使版面显得非常有条理且很自然。通常情况下左对齐符合人们的阅读习惯,而右对齐则可改变人们的阅读习惯,如图 3-1 所示。

2. 两端对齐

这种编排方式是文字从左端到右端两端绝对对齐,形成方方正正的面,显得端正、严谨、美观,如图 3-2、图 3-3 所示。但是这种文字编排方式容易与图片混排,要把握编排使用的度,否则会使页面显得呆板、不生动。

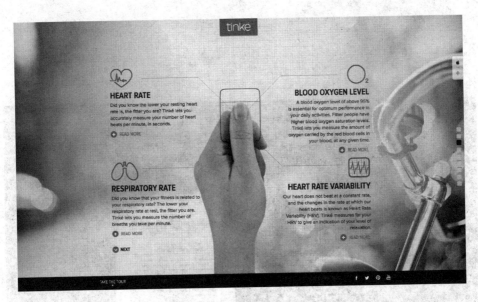

图 3-1　一端对齐网页示例
(http://www.zensorium.com/tinke/)

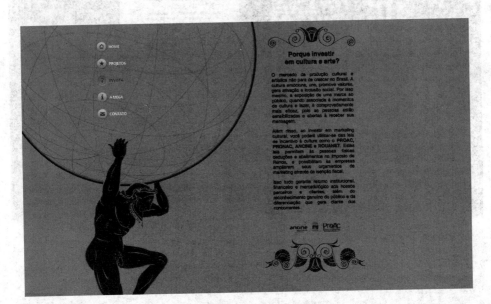

图 3-2　两端对齐网页示例 1
(http://www.megacultural.art.br/web/)

图 3-3 两端对齐网页示例 2
(http://www.megacultural.art.br/web/#contato)

3. 居中对齐

居中对齐的编排方式是以某个视觉中心为轴线进行文字排列，使文字更加突出，页面更为活泼生动，产生对称的形式美感，如图 3-4 所示。这种编排方式使用时要注意保持页面的整体秩序感。

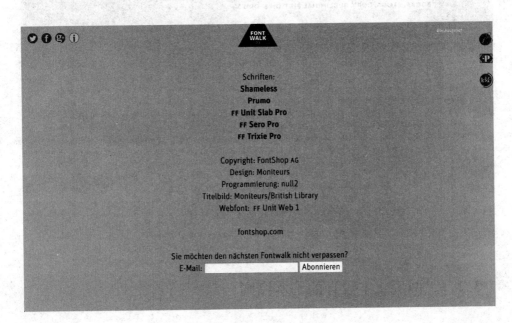

图 3-4　居中对齐网页示例
（http://www.fontwalk.de/03/）

3.2　网页文字设计的基本原则和方法

文字作为网页设计中的形象要素之一，除了表意以外，还和图像、色彩、多媒体等元素一样具有形式美感，具有传达感情的功能，能给人以美好印象，获得良好的心理反应，所以文字在网页中传递基本语义信息的同时，还可以作为一种设计元素。这在 Will-Harris 网站得到了很好的体现，图形化的字体构成了网站首页的主体，辅以说明性的文字，形成富有节奏感的大小对比，如图 3-5 所示。

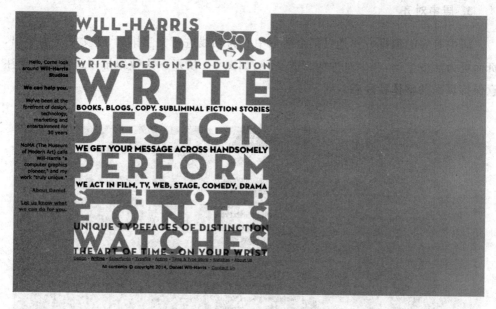

图 3-5 图形化文字网页示例
(http://will-harris.com/index.html)

3.2.1 网页文字设计的基本原则

1. 避免形式大于功能

网页文字的基本功能是传递信息,要实现这个基本功能,设计者必须首先要考虑文字的易读性和可识别性,一定要避免过于强调文字的形式感,追求夸张新颖的艺术视觉感,从而影响用户对文字内容本身的阅读和理解。因此,文字的编排和设计要减去不必要的装饰变化,使用户易认、易懂、易读,避免为追求形式而忽视文字传递信息这个基本功能。

2. 形式和内容要统一

网页文字的设计风格要和网页信息内容的性质及特点相吻合,不能相互脱节,更不能相互冲突。比如政府网站中的文字使用应具有庄重和规范的特点,字型规整有序、简洁大方,如图 3-6 所示;休闲旅游类网站,文字的使用应具有欢快轻盈的风格,字型生动活泼、跳跃明快,如图 3-7、图 3-8 所示;文化教育类网站,文字使用应具有严肃、端庄、典雅的风格,如图 3-9、图 3-10 所示;企业类网站可根据行业性质、企业理念或产品特点,追求富于活力的字体风格,如图 3-11、图 3-12 所示。

图 3-6　网页中的文字设计示例 1

(http://moadoph.gov.au)

3. 字体种类要精简

在网页文字设计中,由于计算机提供了大量可供选择的字体,使字体的变化趋于多样化,这既为网页设计提供了方便,同时也对设计者的选择能力提出了考验。虽然可供选择的字体很多,但在同一网页上,使用几种字体还是需要仔细斟酌。同一页面或同一网站使用过多的字体种类,只会让用户更眼花缭乱,影响信息的传递。

图 3-13、图 3-14 是 Bau-Da 网站的页面设计,该网站的页面设计虽具有相当的紧密性,但却不严肃呆板。页面上使用经过特殊效果处理的文字,以确保最佳的位置,如同相册封面的目录,其中的每一个名字都是一个分离的导航图解,即使没有图片载入,也可以进行浏览。

图 3-7 网页中的文字设计示例 2
(http://www.caofashion.com.br)

图 3-8 网页中的文字设计示例 3
(http://gilgul.co.il/eng.html)

图 3-9　网页中的文字设计示例 4
(http://www.ox.ac.uk/#)

图 3-10　网页中的文字设计示例 5
(http://kucd.kutztown.edu/index.php)

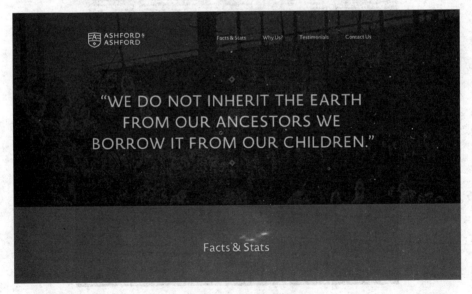

图 3-11　网页中的文字设计示例 6
(http://ashford-ashford.com)

第3章　网页文字的编排与设计　69

图 3-12　网页中的文字设计示例 7
（https://www.hioscar.com）

图 3-13　Bau-Da 网站首页字体设计
（http://www.bauda.com）

图 3-14 Bau-Da 网站内页字体设计

3.2.2 网页中的文字设计

1. 字体的选择

网页设计者可以用字体更充分地体现设计中要表达的情感。字体选择是一种感性、直观的行为,比如粗壮字体强壮有力,有男性特点,适合机械、建筑业等内容,如图 3-15、图 3-16 所示;细字体高雅精致,有女性特点,更适合服装、化妆品、食品等行业的内容,如图 3-17、图 3-18 所示。

在同一页面中,一个页面内字体种类少,界面雅致有稳定感;字体种类多,界面活跃丰富多彩。具体选择什么字体,要依据网页总体设想和浏览者的需要。

2. 文字的图形化

文字的图形化是设计者将记号性的文字作为图形元素来处理,既强化了文字原有的基本功能,又突出了它的美学效应。无论何种方式进行图形化文字,都应以如何更出色地实现设计目标为最终目的。将文字图形化、意象化,以更富有创意的形式表达出深层次的设计思想,打破网页原有的平淡和单调,给用户带来全新的视觉和感情体验。

图 3-15　网页中字体设计示例 1

（http://legraphoir.com）

图 3-16　网页中字体设计示例 2

（http://circlesconference.com）

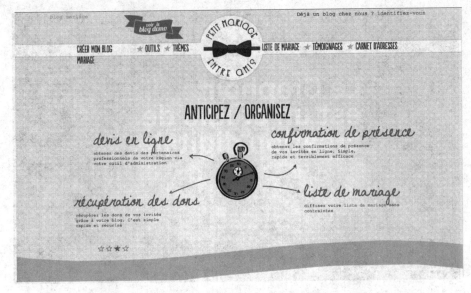

图 3-17　网页中字体设计示例 3
(http://www.petit-mariage-entre-amis.fr)

图 3-18　网页中字体设计示例 4
(http://www.welcomewebstudios.com)

A．Kitchen 网站的首页全部以网站的名称作为页面视觉元素的主题，各种不同字体的变形错落有致地排满了整张页面，在页面的中央位置点睛之笔插入进入按钮，这样的设计非常别致，值得借鉴，如图 3-19 所示。Javier Guzman 网站首页也是将网站名称完全图形化，和前者不同的是该网站更强调简约设计，整张页面只有导航、网站名称和一张图像，画面干净整洁、主题突出，高明度的色彩很好地烘托了网站的主题氛围，如图 3-20 所示。同样的设计手法也体现在 Dela Banda 网站首页中，并且更趋向简约，只保留了一个动态视频作为网页背景，图形化的网站名称放置在页面中央部位，用户不需要任何思考就可以直接获取网站最重要的信息进入网站，如图 3-21 所示。而 Bamstrategy 网站首页则是将网站的导航信息文字做了图形化的设计，如图 3-22 所示。

图 3-19　网页中文字图形化示例 1
(http://www.akitchen.fr)

3. 网页文字的颜色

在网页中使用不同颜色的文字可以使想要强调的部分更加突出，尤其是一些链接文字，设计者更趋向于使用不同环境文字的颜色来突出显示不同的特性和形式感。需

图 3-20　网页中文字图形化示例 2
(http://javierguzman.nl)

要明确的是,这样的做法确实起到了一定的强调作用,但是要避免颜色的过度使用,过度的强调反而没有强调,而且过度使用文字链接颜色会导致用户浏览网页的速度变慢。

另外,网页文字颜色的使用还要注意和背景色的区别,以不影响用户阅读为基本原则,所以网页文字的颜色尽量不要使用明度较高或者饱和度较低的色彩。

I am Jamie 网站首页中的内容几乎全部由文字组成,在纯色背景的前提下,大部分的文字色彩使用了同类色和邻近色,这样的做法非常安全,即使在内容很丰富的页面上也不会因为色彩而影响用户获取信息的速度。网站的导航链接使用了纯度较高的色彩,这个点睛之笔使用得非常成功,如图 3-23 所示。Ryan Keiser 网站和 Accept Joel 网站的首页设计是在背景内容非常丰富的前提下,采用了黑白两种安全色来突出显示网页文字,这样的做法使页面的统一性得到了很好的强调,如图 3-24、图 3-25 所示。

第3章 网页文字的编排与设计

图 3-21 网页中文字图形化示例 3
(http://delabanda.com/#delabanda)

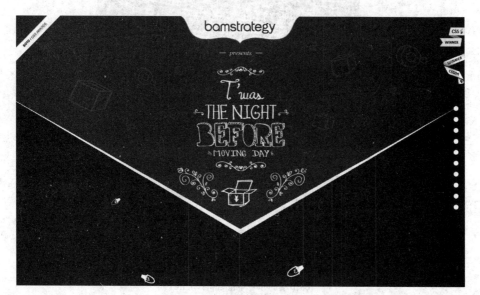

图 3-22 网页中文字图形化示例 4
(http://holidaycards.bamstrategy.com/2012/#i2-capital)

图 3-23　网页中文字颜色设计示例 1

(http://www.iamjamie.co.uk)

图 3-24　网页中文字颜色设计示例 2

(http://ryankeiser.net)

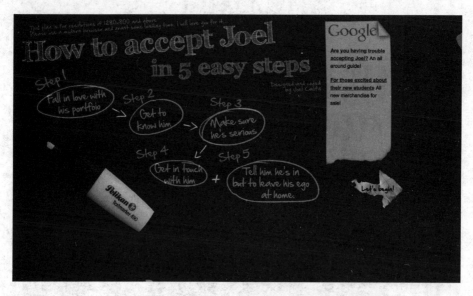

图 3-25　网页中文字颜色设计示例 3
(http://www.acceptjoel.com)

第4章

网页图像的处理

图像能使页面的意境发生变化,并直接关系到浏览者的兴趣和情绪。所以除了文本之外,网页上最重要的设计元素就是图像了。一方面图像本身也是传达信息的重要手段之一,与文字相比,它更直观、生动,还可以很容易地把那些文字无法表达的信息表达出来;另一方面,图像的应用使页面更加美观有趣,使浏览者易于接受和理解。本章我们要分析一下图形图像在网页中的使用。

4.1 网页图像的规格

4.1.1 网页图像的使用规则

图像的形态、大小和数量都与网页的整体设计有着非常密切的联系。一般而言,面积较大的图像比较容易形成页面的视觉焦点,而小面积的图像则用来点缀页面,起着呼应页面主题的作用。所以如何合理使用图像对有效传递网页信息有着非常重要的影响。一般情况下,选择图片需要考虑以下几方面的因素。

1. 图像与网页的关联性

图像通常可以作为视觉诱饵吸引到相当数量的网络用户,但是如果使用了错误的图片，或者是图片采用了错误的表现手法，都会对网页的信息传递造成负面的影响，因此合理使用图像在网页设计中显得非常重要。

合理使用图像首先要考虑图像和网页的关联性。这里所指的关联性是指所选的图像和网页的内容是否相关，是否可以很好地表现网页的主题。和主题相关的图像不仅可以增加设计的趣味性，更可以提高设计的识别性，即它们可以提供一种视觉标签，帮助用户记住页面上的一些内容特征，并且清楚地了解自己所处的网站位置。图 4-1 中是一所大学的主页，采用了校园风景图片和学生生活图片相结合的方式，使用户对该网站的主题一目了然。同时网页中相应的信息分栏也非常清晰，用户可以非常方便快捷地寻找到所需要的信息，这对网页信息传递效率的提高是非常重要的。

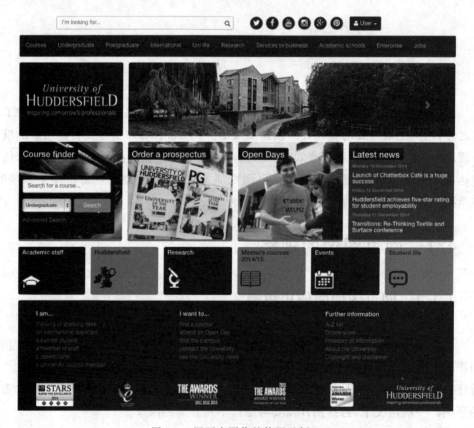

图 4-1　网页中图像的使用示例 1

(http://www.hud.ac.uk)

2. 图像的趣味性

为了提高网页的浏览量,网页上使用一些富有趣味、能够吸引用户注意并使人回味的图像无疑会为网页设计增色不少。计算机技术和网页编程语言的进步为实现网页图像的趣味性提供了更多的可能性,如图 4-2、图 4-3 所示。

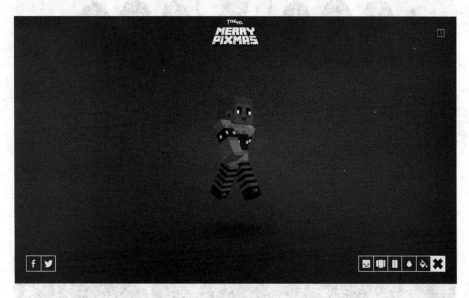

图 4-2　网页中图像的使用示例 2
(http://www.merrypixmas.com)

3. 图像的吸引力

如果网页上的图像在美感和情感上吸引用户,就达到了图像的情感和视觉完美统一的目的。当然,不同的用户对于美和吸引力的解读也是多样的,所以要考虑图像的使用环境和用户的心理以及生理特征。

对于食品类网站引人入胜的图像显得特别重要,如 Natgeoeat 网站以 EAT:the story of food 为网站主题,结合图片和声效讲述每道食物从生产到成品的过程和环境,让用户真切地感受美食的诱惑,如图 4-4～图 4-6 所示。

关联性、趣味性和吸引力是选用图像时需要考虑的主观因素,需要在情感和艺术性上对图像的使用做出鉴别。在选用网页图像时还需要关注一些客观的因素,以提高网页的用户关注度。

图 4-3　网页中图像的使用示例 3
(http://jinglejoes.com)

图 4-4　网页中图像的使用示例 4
(http://www.natgeoeat.com)

第4章 网页图像的处理 83

图 4-5　网页中图像的使用示例 5
（http://www.natgeoeat.com）

图 4-6　网页中图像的使用示例 6
（http://www.natgeoeat.com）

4. 控制图像的数量

虽然目前网络环境及技术大大改进,网络的传输速度也有很大的提高,但相对而言,太多的图像仍然会降低网页显示速度,导致用户失去耐心而离开。所以,网页中的图像应该适当控制数量。

5. 控制网页中图像的分辨率

和前面所提到的原因一样,为了保证网页的浏览速度,编辑图像时要控制图像的分辨率。一般情况下,图像的分辨率设定为72dpi即可满足普通浏览。如果是为了满足特殊目的,可适当提高图片分辨率,但要注意这种做法会增加浏览器下载的时间。

6. 控制网页中图像的尺寸

图像的尺寸应该提前在图像软件中定义好,否则浏览器只能重新绘制表格来容纳图像,这样会造成网页下载时间的增加。

7. 选用适当的图像编辑软件

调整图片大小时不要尝试通过 HTML 来调整,否则图片不仅细节模糊,边缘粗糙,还会增加下载时间,所以最好在图形软件中调整好图片再使用。

4.1.2 网页图像的格式

网页中通常使用 GIF、JPEG、PNG、TIFF 和 BMP 等格式的图像文件,其中使用最广泛的是 GIF、JPEG 和 PNG 格式。选择合适的图像格式,可以在提供最小文件尺寸的同时确保较高质量的图像。

1. GIF 格式

GIF(图像交换格式)是 Graphics Interchange Format 的缩写,网络图形标准之一。存储格式由1位到8位,是网页上使用最早、应用最广泛的图像格式,它可以在不改变图像颜色数量的基础上压缩文件。尽管 GIF 格式的压缩率非常好,但最多只能是256色的图像。当然 GIF 同样具有图像文件短小、下载速度快等优点,也可用许多具有同样大小的图像文件组成动画。同时，在 GIF 图像中还可制定透明区域，使图像具有特殊的显示效果。

2．JPEG 格式

JPEG（联合图像专家组）是按 Joint Photographic Experts Group 压缩标准制定的压缩格式，专门用于存储照片式的图像。与 GIF 和 PNG 图像不同，JPEG 可以提供 24 位颜色的尺寸非常小的图像，能支持多达 1670 万种颜色，能展现十分生动的图像，其压缩技术十分先进，可以用不同的压缩比例对图像文件进行压缩，可以用较少的磁盘空间得到较好的图像质量。尽管 JPEG 图像显示的颜色数量没有限制，但是这种压缩方式是以损失图像质量为代价的，压缩比越高，图像质量损失越大，所以当要把某个图像保存为.jpg 文件时，还是需要仔细地考虑它的压缩率。

3．PNG 格式

PNG（便携式网络图像）格式是由 W3C 开发的，作为对 GIF 格式的一种备用格式。PNG 算法的无损压缩风格和工作方式与 GIF 类似，颜色的数量要少一些，但是大小和 GIF 图像类似。PNG 图像可以保存成 8 位格式，也可以保存成 24 位格式，这可以通过红色、绿色和蓝色通道边上的 Alpha 通道实现：这意味着 PNG 图像中的每个像素都可以有多达 256 种不同的模糊度。

4.2 图像与风格主题

为了突出表现网站的主题，必须有特定的风格和表现手法来服务于主题，所以风格和主题是相辅相成的。风格的表现主要通过图像、色彩、字体等不同元素来体现，其中图像的作用是非常重要的。图像的风格表现可以有许多种，如手绘、仿古、肌理和材料等。

1．手绘

在网页中加入一些手绘的图像元素，会使网页独具特色而与众不同，在这个注意力持续时间几乎为零的数字世界里，任何突出的东西都能引人注目。另外手绘图像还可以更贴切地表现网站设计者的本来意图，如图 4-7～图 4-9 所示。

图 4-7　网页中的手绘图像示例 1
（http://www.hochburg.net/de/）

图 4-8　网页中的手绘图像示例 2
（http://www.sj63.com/gotoweb.asp?id=503389602）

图 4-9　网页中的手绘图像示例 3
(http://www.sj63.com/gotoweb.asp?id=503389557)

2. 仿古

在网页中,仿古或者怀旧风格也是一种很常用的表现手法,设计者可以根据一些现有的图形图像和色彩营造仿古的氛围来突出主题。这种经过岁月侵蚀的、有些磨损的外观很早就在打印和网络设计的世界中出现了,但是到了 2004 年才成为公众的焦点,此时卡梅隆·摩尔把这种有美感的设计赋予了可以代表一种趋势的、吸引人的名字——"磨损而恶劣的外观"[①]。Fannypack 团队网站的设计就是采用了这种仿古的手法来营造网站粗糙、怀旧的风格,做旧的色彩以及折叠起来的报纸的细节处理都为网站赋予了一种历史的厚重感,如图 4-10 所示。

---

① http://www.cameronmoll.com/archives/0000024.html

图 4-10　网页中的仿古图像示例
(http://www.teamfannypack.com)

3. 肌理和材料

采用肌理图像对于网页风格的营造是一种非常值得推荐的方法。图像的不同肌理可以采用不同的材料来实现，比如针织品、原木、纸质品等。图 4-11 中的网页上加入了一些针织品的元素，这样的做法使网页的外观颇具个性，突破了传统网站的数字感，使网站更具真正的美感。由于针织品特殊的质感使网站的界面看起来很舒服，也势必会受用户欢迎。图 4-12 是一个家具网站，木质切面的纹理几乎占据了画面的大部分，很贴切地体现了网站想要传递的环保和人文关怀的理念。这样的设计方法使用户对产品的质量产生了良好的信任感。

恰当地使用肌理的手法确实能够提升网站的设计水平，如 Victorinox Watches 的网页设计，为了突出显示手表的高端品质和经久耐用的产品特点，使用了生锈的铁制品作为产品的背景，与手表精致的质感相比较，产生了强烈的视觉对比，如图 4-13 所示。如图 4-14 所示，整个网站的背景则采用了规则的、细小的方形图案肌理，很好体现了产品的精致、理性、规则等特点。

图 4-11　网页中肌理图像示例 1

(http://feedstitch.com)

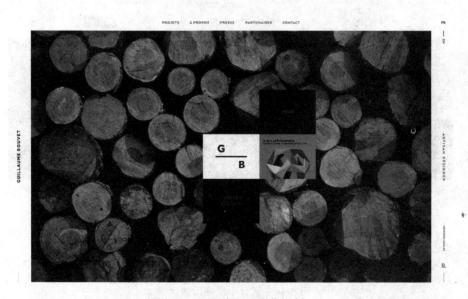

图 4-12　网页中肌理图像示例 2

(http://www.guillaumebouvet.com)

图 4-13　网页中肌理图像示例 3
(http://www.victorinoxwatches.com/en/)

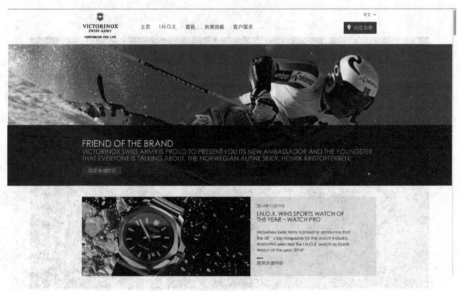

图 4-14　网页中肌理图像示例 4
（Victorinox Watches 网站内页）

4.3 背景与统一

1. 图像风格的统一

网页中图像的使用固然可以提升用户的关注度,但是使用过程中要注意"度"的把握,每张页面中图像的数量、大小、风格以及排列位置等因素都要有所控制。

由于目前网页设计手法的多样化,网页的呈现形式也多种多样。在网页的整体形式上一般都是纵向的,也有特意设计成横向的滚屏,其长度从一屏到几屏不等,这种形式的网页在设计过程中必须考虑网站风格的统一性,而不能将每个页面的图像风格与网站整体风格割裂开来,要考虑图像的完整性和延续性。建立对比中的和谐、统一的图像风格,使用户能得到完整、统一的视觉感受,所以在网页中必须处理好每一屏的图像与整个页面图像之间的从属和主次关系,如图 4-15、图 4-16 所示。

图 4-15　网页中图像风格统一示例 1
(http://www.navercultures.com/ko/index)

图 4-16　网页中图像风格统一示例 2
(http://www.dewitt.ch)

2. 图像与背景的统一

在网页设计中,图像与背景是对比和反衬的关系,因此图像与背景应建立在和谐统一的基础上,使主要信息更加突出。一般情况下应避免使用具有多种色调和复杂对比度的图案作为背景,比如一些太突出的斑点状、纹理状的图案等。长期以来设计师更愿意采用纯色、图案简单和颜色渐变的图案作为背景,来创建各种有趣的、富有创意的网页作品。Hankooktire 网站首页采用单色的轮胎肌理图片作为背景,恰当地提示了网站的产品特性,在主题图像上则使用了明度较高的图像,突出体现了主题内容,如图 4-17 所示。当然也有设计师更愿意以极简的风格来展示网站的主题,如图 4-18、图 4-19 所示那样——简单的背景色加上简单的文字和图像就构成了网站的首页,网站的主题一目了然。

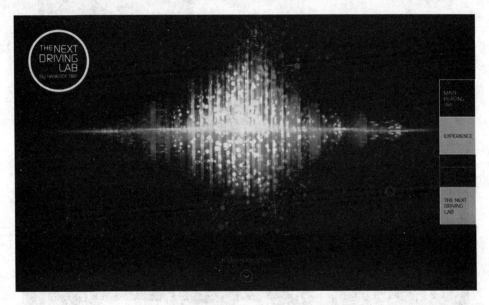

图 4-17　网页中图像与背景统一的示例 1
(http://tndl.hankooktire.com/kr/main/index.do)

如果将设计更进一步推进,可以尝试让背景图片成为主题内容的一部分,这样的做法使一些简单的视觉元素以复杂并富有成效的方式展现出来。如图 4-20 所示,图片中的人物图像既是背景又和主题文字完美地统一起来,担任着主题图像的作用。Peninsula 网站首页上的做法更为简单直接,首页背景是位于世界各地的 Peninsula hotel 的图像,仅在图像上标注了一句体现地点的文字作为说明,这样的做法是极简的,但是视觉体验上却是非常丰富的,如图 4-20～图 4-25 所示。

图 4-18　网页中图像与背景统一的示例 2

（http：//andersdrage.com）

图 4-19　网页中图像与背景统一的示例 3

（http：//uk.protectyourbubble.com/iphone-timeline/）

图 4-20 网页中图像与背景统一的示例 4

(http://www.solid.co.kr/front/index.asp)

图 4-21 背景图片成为主题内容的设计示例 1

(http://www.peninsula.com/en/default)

图 4-22　背景图片成为主题内容的设计示例 2
（http://www.peninsula.com/en/default）

图 4-23　背景图片成为主题内容的设计示例 3
（http://www.peninsula.com/en/default）

第4章 网页图像的处理 97

图 4-24 背景图片成为主题内容的设计示例 4
(http://www.peninsula.com/en/default)

图 4-25 背景图片成为主题内容的设计示例 5
(http://www.peninsula.com/en/default)

第 5 章

网页色彩

网页色彩的使用范围涵盖了网页的背景、文字、图标、边框以及超链接等等,合理的色彩搭配可以恰如其分地体现网站的主题和风格,进而提升网站的用户关注度,所以色彩在网页设计中的影响很大,很多时候甚至占据了不可或缺的地位。

5.1 网页色彩模式

5.1.1 网络安全色

网络安全颜色为 216 种颜色,其中彩色为 210 种,非彩色为 6 种。216 种网页安全色是指在不同硬件环境、不同操作系统、不同浏览器中都能够正常显示的颜色集合,这些颜色在任何终端浏览器上显示效果都是相同的,所以用 216 种网页安全色进行网页配色可以避免原有的颜色失真问题。

当浏览器显示一个图像时,如果浏览器内置调色板中没有一模一样的颜色,系统就自动利用浏览器内置调色板中与目标颜色最相近的颜色进行替换,对于超出网页安全色范围的颜色通过混合其他相近颜色模拟显示目标颜色,而此时的显示效果通常都比较模糊。216 种网络安全色用于显示徽标或二维平面效果是绰绰有余的,但是在实现高精度的真彩图像或照片时会有一定的欠缺,因此使用网络安全色的同时,也应结合非网络安全色的使用,二者应合理搭配使用。

5.1.2 网页色彩模式

1. RGB

RGB 表示红色(R)、绿色(G)、蓝色(B),又被称为三原色。它是通过对三个颜色通道的变化以及它们相互之间的叠加来得到各式各样颜色的,RGB 即是代表红、绿、蓝三个通道的颜色,这个标准几乎包括了人类视力所能感知的所有颜色,是目前运用最广的颜色系统之一。

通常情况下,RGB 各有 256 级亮度,用整数表示为 0~255。虽然数字最高是 255,但 0 也是数值之一,因此共 256 级。通过计算,256 级的 RGB 色彩总共能组合出约 1678 万种色彩,即 256×256×256=16777216,通常也被简称为 1600 万色或千万色,还称为 24 位色。

在许多图像软件里都提供色彩调配功能,输入三基色的数值可调配颜色的变化,也可直接根据软件提供的调色板来选择颜色。RGB 模式是显示器的物理色彩模式,这就意味着无论在软件中使用何种色彩模式,只要是在显示器上显示的,图像最终均以 RGB 模式显示。

2. HSB

HSB 模式是指色彩的三要素:色相 H(Hue)、饱和度 S(Saturation)、明度 B(Brightness)。HSB 模式对应的媒介是人眼。饱和度高色彩较艳丽,饱和度低色彩接近灰色。明度高色彩明亮,明度低色彩暗淡,明度最高得到纯白,最低得到纯黑。一般浅色的饱和度较低,明度较高,而深色的饱和度高而明度低。

色相:在 0°~360°的标准色轮上,色相是按位置度量的。在通常的使用中,色相是由颜色名称标识的,比如红、绿或橙色。黑色和白色无色相。

饱和度:表示色彩的纯度,纯度值为 0 时色彩为灰色。白、黑和其他灰色色彩都没有饱和度。在饱和度值最大时,每一色相具有最纯的色光。

明度:是色彩的明亮度。明度值为 0 时即为黑色,明度值最大时是色彩最鲜明的状态。

RGB 和 HSB 是所有配色的基础，每个人眼中所看到的五颜六色的世界，其任何颜色都可以说是从这个两个概念中所获得的，配色的精髓就是在不断的实践过程中积累对 RGB 和 HSB 不同环境下色值调试的经验，有了这样的经验，就很容易做出令人赏心悦目的网页配色。

5.2 网页配色原则

在网页设计中，色彩的搭配是需要设计师慎重考虑的，不仅要考虑网站自身的特点，还要遵循一定的艺术设计规律。成功的色彩搭配能够使网站风格统一，重点内容突出，为网站的信息推广起到良好的助推作用，因此如何在网页中合理运用色彩是一项技术和艺术性很强的工作。下面将对网页设计中的色彩搭配所需要遵循的一些基本原则做简单的梳理。

5.2.1 色彩的鲜明性

色彩给人的感受是丰富而奇妙的，一个网站要吸引浏览者，给浏览者留下深刻印象，体现在色彩使用方面，需要色彩风格鲜明，定位准确，能恰到好处地烘托网站的主题。如 Local Mineral Water 网站以不同的图案搭配相应的色彩，突出表现其饮料的天然性和矿物质含量，很好地表达了其产品的特点，如图 5-1 所示。而 Jesuis Unicq 网站则通过大面积的红色点缀黑色字体来体现其艺术性和神秘感，如图 5-2 所示。Uvo.Kia 虽然是汽车行业的网站，但是由于其产品本身的特点，并没有像普通汽车网页一样着重表现其性能，而是采用了比较卡通的手绘方式搭配活泼的色彩来体现该款汽车俏皮的卖点，如图 5-3 所示。

5.2.2 色彩的独特性

任何设计都在求新求变以彰显其独特性，具体到网页中的色彩使用也不例外。与众不同的色彩定位，可以使浏览者对网站的印象强烈。但是要注意把握适当的尺度，能完美地诠释网站风格的色彩运用才是成功的设计。

图 5-1　网页中色彩的鲜明性示例 1
（http://www.localmineralwater.com/our-range/naturals）

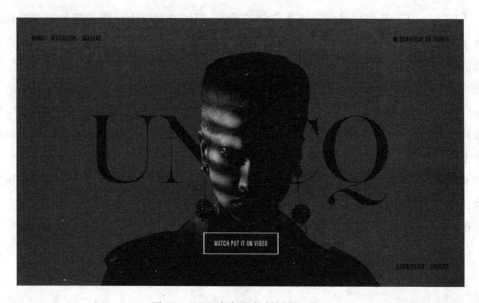

图 5-2　网文中色彩的鲜明性示例 2
（http://www.jesuisunicq.com/home）

图 5-3　网页中色彩的鲜明性示例 3
(http://uvo.kia.com/uvo_new/main/index.html)

　　It's On Us 是以反对性骚扰为主题的网站,网站首页以大面积的黑色来表现这个严肃的社会问题,网页的中心位置以动态图形配以不同的色彩体现不同信息,整个画面的色彩给人以严肃、紧张的心理暗示,很好地传递了网站要表现的主题内容,如图 5-4 所示。相比较而言,高明度的蓝色会带给人愉悦的心理暗示,这也就是 iPhone-timeline 网站和 Ferias Para Curtir 网站用色的成功之处,作为娱乐性质为主的产品,没有什么比让人心情愉悦更为重要的了,如图 5-5、图 5-6 所示。Colors of Motion 作为专门以色彩为卖点的网站,在色彩的使用上偏偏走不同的路线,网站的首页虽然使用了不同色相的色彩,但是低纯度的处理使网页体现出了一种独特的厚重感,如图 5-7 所示。同样是低纯度的色彩使用,Kaspersky 网站则主要以突出安全保护设备为其表现主题,如图 5-8 所示。

5.2.3　色彩的适宜性

　　网页色彩的使用不仅要考虑网站内容和主题的要求,还应考虑浏览者的生理和心理特点,甚至还要包括地理、民族特征等因素,在遵从艺术设计规律的同时,运用符合

图 5-4　网页中色彩独特性示例 1

（http://itsonus.org）

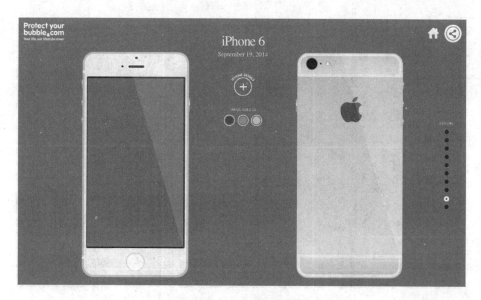

图 5-5　网页中色彩独特性示例 2

（http://uk.protectyourbubble.com/iphone-timeline/#iphone-6）

图 5-6　网页中色彩独特性示例 3

(http://www.feriasparacurtir.com.br/apresentacao)

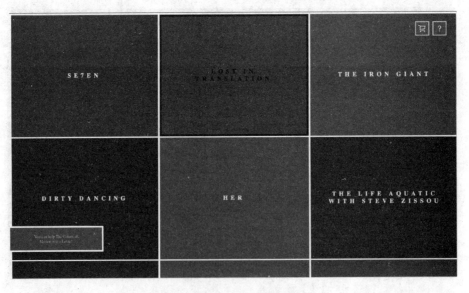

图 5-7　网页中色彩独特性示例 4

(http://thecolorsofmotion.com/films)

图 5-8　网页中色彩独特性示例 5
(http://new.kaspersky.com)

一切主客观因素限制条件的色彩搭配体系。

作为医疗类网站，舒心、放松的界面设计更容易让用户接受，如图 5-9 所示的这家韩国医疗网站使用了高明度的色彩为主色调，让整个页面整洁明亮起来，也很好地传递了该机构的性质和理念。当然也有另外一种做法，比如 Health-on-line 网站则采用了更为严肃直观的手法来表现抽烟给肺部的危害，整个画面以低明度的灰色为主，似乎在让人们感受着呛人的烟雾所带来的痛苦，如图 5-10 所示。而作为主要用户对象是儿童的网站，没有什么比五彩斑斓的色彩更能吸引他们的视线了，如图 5-11、图 5-12 所示。

5.2.4　色彩的联想性

色彩本身无任何含义，它们需要联想产生含义，色彩联想影响人们的心理，左右人们的情绪，各种色彩通过联想都赋予了特定的含义，甚至每种色彩在饱和度和明度上的略微变化都会产生不同的心理感受，因此使用色彩时需要清楚地了解网站的主题和面对的用户群的特点。

图 5-9　网页中色彩的适宜性示例 1
(http://www.fullvita.co.kr/)

图 5-10　网页中色彩的适宜性示例 2
(https://www.health-on-line.co.uk/smoking-lung/)

第5章 网页色彩

图 5-11 网页中色彩的适宜性示例 3
(http://karaagekun.lawson.jp)

图 5-12 网页中色彩的适宜性示例 4
(http://www.kbsn.co.kr/kids/main.php)

1. 红色

红色象征着肾上腺素和血压。红色具备这些生理上的效应，被认为可以促进人的新陈代谢，是一种令人兴奋并充满梦想和动力的色彩，所以在很多购物类网站，为了达到刺激人们购买欲望的目的，都采用了大面积的红色，如图5-13、图5-14所示。

图5-13　网页中红色的联想性示例1

(http://uk.protectyourbubble.com/iphone-timeline/)

2. 橙色

橙色和红色一样是一种非常活泼的、充满能量的颜色，尽管它不会激发出像红色那样的感情，但是橙色可以提升人们的幸福感，代表阳光、热情。另外橙色还可以刺激人们的新陈代谢和食欲，是食品和烹饪促销的最合适的颜色，这就是很多食品类网站喜欢使用橙色系的原因，如图5-15、图5-16所示。

3. 黄色

黄色和橙色一样，是一种非常活泼的色彩，而且黄色的易见性很好，所以黄色在很多提示人们注意的地方比较常用，因此很多时候和红色一样，在商品促销的显要位置，黄色更容易被使用，如图5-17、图5-18所示。

图 5-14　网页中红色的联想性示例 2

(http://givehollandabreak.d.shcc.nl)

图 5-15　网页中橙色的联想性示例 1

(http://www.barleytea.co.kr/barleytea_1409/index.asp)

图 5-16　网页中橙色的联想性示例 2
(http://www.natrel.ca/fr)

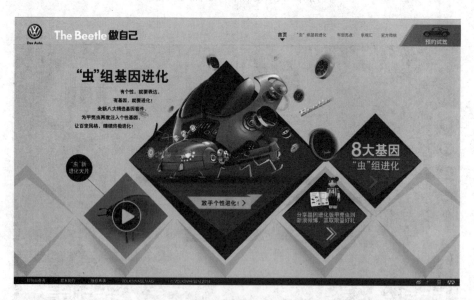

图 5-17　网页中黄色的联想性示例 1
(http://vwbeetle.cn/pc/)

图 5-18　网页中黄色的联想性示例 2
(http://www.eberamaya.com)

4. 绿色

绿色是一种安全感很足的颜色，它经常与大自然联系在一起，是一种抚慰的颜色，象征着生长、新鲜和希望，绿色更容易让人们的视觉感觉到舒适，所以在很多象征安全性的网站中，绿色经常被用到，如图 5-19、图 5-20 所示。有些时候绿色在黑色背景上使用时，会带来意想不到的视觉感受，带给人们一种科技感和力量感，如图 5-21、图 5-22 所示。

5. 蓝色

蓝色被认为是一种可以带给人们平静的颜色，因为天空和大海的颜色都是蓝色，所以蓝色被赋予了开阔、包容的感情含义，如图 5-23、图 5-24 所示。蓝色也代表着开放、智力和忠诚，所以在很多科技类企业网站几乎都以蓝色为主，如图 5-25 所示。但是蓝色在某些时候也象征忧郁，会影响人们的食欲，所以，在使用蓝色的时候要注意合适的场合。

图 5-19　网页中绿色的联想性示例 1
(http://www.whygowild.com/en)

图 5-20　网页中绿色的联想性示例 2
(http://carolinawildjuice.com)

图 5-21　网页中绿色的联想性示例 3
（http://facemother.co/browser/）

图 5-22　网页中绿色的联想性示例 4
（http://iam.princetennis.com）

114　网页界面艺术设计

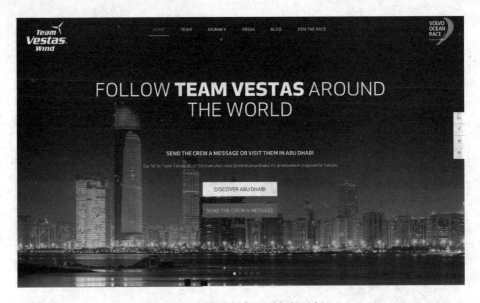

图 5-23　网页中蓝色的联想性示例 1
（http://teamvestaswind.vestas.com）

图 5-24　网页中蓝色的联想性示例 2
（http://air-social.com）

图 5-25　网页中蓝色的联想性示例 3
(http://www.bmsns.com)

5.3　网页配色方法

前面已经介绍了网页的色彩模式和色彩使用原则,但是如何让各种颜色在一起工作呢?这就是配色方案所要解决的问题,配色方案是创建和谐有效的颜色组合的基本公式。

5.3.1　单色的使用

这里所说的单色是由单个的基本颜色和其他数量的同种颜色的浅色和阴影组成的。一些网站的设计师运用纯色的手法来打造网站,不使用图像或装饰容器,转而采用更基本的方式并大量利用纯色,这样的手法使得网站看上去更明快、整洁、漂亮,用户可以将注意力集中在网站的信息内容上。同时这样的手法由于需要加载的图像非常少,使得网站真正实现了快速加载,这对于网站是非常重要的,因为大量研究表明,网站打开速度减慢无异于收益减少,特别是商务网站。比如网络公司 Solid Giant 的网站首页就使用了大面积的玫红色调,设计师在纯色的基础上对背景做了肌理化的处理，使画面层次感更丰富了。再加上白色的字体，使页面更加明亮，整个设计既简洁又有层次感，如图 5-26 所示。

图 5-26　网页中单色使用的示例 1

（http://www.solidgiant.com）

单色的使用还可以通过不同的纯度、明度和 Alpha 值来营造丰富的画面效果，如图 5-27 所示。而采用接近于纯色的风格来设计网页，也会使网站看上去整洁、漂亮，如图 5-28 所示。另一个极佳的例子是 IntuitionHQ 网站首页，它有选择地使用了纯色风格，该网站运用了肌理的元素营造出纯色的效果。设计师通过使用简单的趋近于白色的背景，使网站更加简洁，如图 5-29 所示。

需要说明的是，在色彩的运用中，黑色和白色是两个特殊色，他们可以营造一种优雅、力量和简洁的氛围，但是使用不当也会起到负面影响，所以要考虑用户的心理感受，根据设计的需要，合理设计，会使网页产生意想不到的效果。黑色和白色一般用于背景色，与文字色彩的对比要适当拉大，如图 5-30～图 5-34 所示。

5.3.2　相似色的使用

所谓相似色，就是在色带上相邻近的颜色，例如绿色和蓝色，红色和黄色就互为相似色。因为两个相似色都包含有第三种颜色，所以采用相似色设计网页可以使网页避免色彩杂乱，易于达到页面的和谐统一。

图 5-27 网页中单色使用的示例 2
(https://expeditionnorthernlights.com)

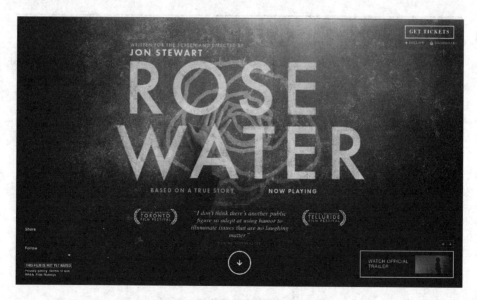

图 5-28 网页中单色使用的示例 3
(http://rosewaterfilm.com)

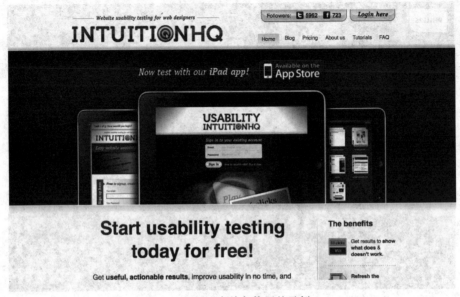

图 5-29　网页中单色使用的示例 4
（http://www.intuitionhq.com）

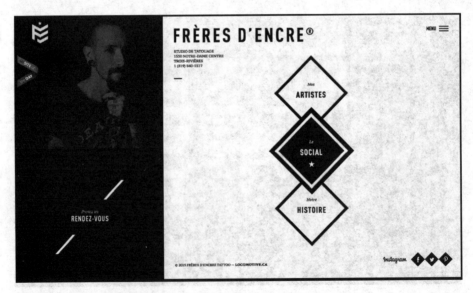

图 5-30　网页中单色使用的示例 5
（http://www.freresdencre.com）

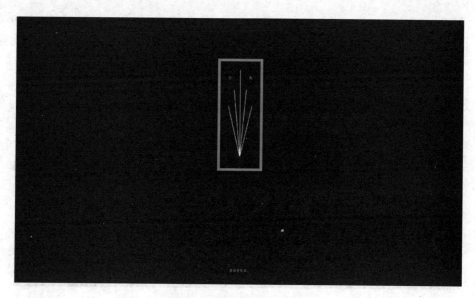

图 5-31 网页中黑色使用的示例
(http://brandoncjohnson.com)

图 5-32 网页中白色使用的示例
(http://theinjury.com.au)

图 5-33　网页中黑色背景使用的示例 1
(http://dagobert.com)

图 5-34　网页中黑色背景使用的示例 2
(http://kenjiendo.com)

Forrst 主页上的画面充满幽默感的图形设计与和谐的相似色,从青色的天空到橘红色的背景,都和主题风格搭配得非常和谐,如图 5-35 所示。Blinksale 网站是一个服务器托管的网络应用程序,它的配色方案也是以相似色为主的,整个网站以各种蓝色为主,营造了丰富的页面层次感,如图 5-36 所示。Airsocial 网站首页上采用几组邻近色体现网站主题,相似色的使用使画面更为稳重、简洁,并在醒目的位置添加了小部分的醒目色彩来提示用户对信息的关注度,如图 5-37、图 5-38 所示。

图 5-35　网页中相似色的使用示例 1
(http://forrst.com/)

5.3.3　补色的使用

　　色彩中的互补色有红色与绿色互补,蓝色与橙色互补,紫色与黄色互补。在光学中指两种色光以适当比例混合而产生白色感觉时,则这两种颜色就称为"互补色"。在具体使用中,补色使用的恰当可以突出重点,产生强烈的视觉效果,使网站特色鲜明、重点突出。在补色的使用中要注意面积、明度、饱和度的把握。比如以一种颜色为主色调,另一种补色作为点缀,可以起到画龙点睛的作用,如图 5-39、图 5-40 所示。也可以降低互补色的饱和度以达到色彩的统一和协调,如 Bar Campomaha 网站首页那样,通过降低纯度和调整面积等方法,将红色和绿色、蓝色和橙色两组互补色非常和谐地统一在一个页面中,如图 5-41、图 5-42 所示。

图 5-36 网页中相似色的使用示例 2

(https://www.blinksale.com)

图 5-37 网页中相似色的使用示例 3

(http://air-social.com)

图 5-38　网页中相似色的使用示例 4

（http://www.extreme-sensio.com）

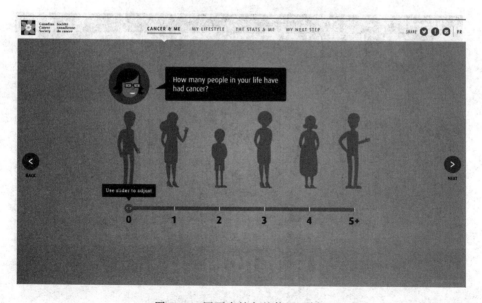

图 5-39　网页中补色的使用示例 1

（http://itsmylife.cancer.ca/index-en.html#!page=2）

图 5-40 网页中补色的使用示例 2

(http://www.vinciweb.com.br)

图 5-41 网页中补色的使用示例 3

(http://barcampomaha.org)

图 5-42　网页中补色的使用示例 4
(http://barcampomaha.org)

第6章

网页设计中需要注意的一些细节

6.1 导航

网页的导航应当便于用户找到,这一点非常重要。因为导航可帮助用户了解他们在哪里,并且能迅速到达目的地,所以在设计导航系统时最重要的是根据用户的需求来设置。

6.1.1 导航的位置

一般来说,一个网页实际上仅有四个基本区域适合放置导航元素:页面的顶部、左侧、右侧和中部。

1. 网页顶部

网页的导航栏设置在网页界面的顶部位置的好处是所有的导航元素能迅速地显示出来。另外,一般人们的阅读方向是从上到下、从左到右,这种顶部设置导航栏的做法适应了用户的阅读习惯。如图 6-1、图 6-2 所示,无论网页上的图像和文字如何切换,主导航栏的位置始终保持在网页的最顶端,这样做的好处是可以保证用户无论在网站的任何位置都能第一时间找到导航栏,方便页面之间的跳转。

图 6-1　网页顶部设置导航栏示例 1

（http://www.lighthousebrewing.com）

图 6-2　网页顶部设置导航栏示例 2

（http://www.03july.com）

2. 网页左侧

在左侧创建一个导航栏,这种设置相对缩小了网页能够显示的内容空间,但这种做法与传统的软件界面是一致的,顺应了用户的界面操作习惯,如图6-3所示。也有一些设计师会采用顶部和左侧结合的方式放置导航栏,如图6-4所示。一般情况下,在顶部导航栏的内容需要扩充的时候,左侧的导航栏可以很好地解决这个问题。这种情况常出现在二级甚至三级页面中,如图6-5所示。

图6-3 网页左侧设置导航栏示例
(http://www.mcdonalds.com.cn/cn/ch/index.html#)

3. 网页右侧

为了满足内容优先,把导航元素放在右侧是比较合适的。用户在没有导航栏分散注意力的情况下,更容易专注于内容的阅读,如图6-6所示。从使用的角度来讲,右侧导航栏的位置对鼠标的操作更为方便。如图6-7、图6-8所示,设计师将右侧的导航栏以更直接的色块来表示,排除了一切视觉上的干扰,使导航信息的传递效率得到了进一步的提高。相比较而言Kaisersosa网站的首页更为简单直接,完全摒弃了传统导航栏的做法,只在页面的右下方以符号和色块来引导用户进行网页浏览,如图6-9所示。

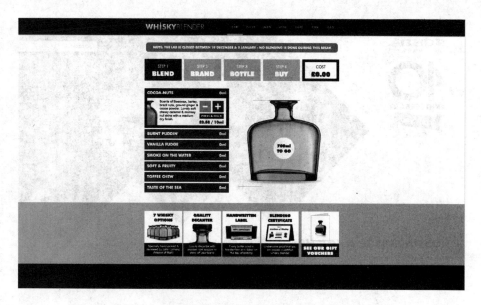

图 6-4　网页顶部和左侧结合设置导航栏示例 1
(http://www.whiskyblender.com/index.php?)

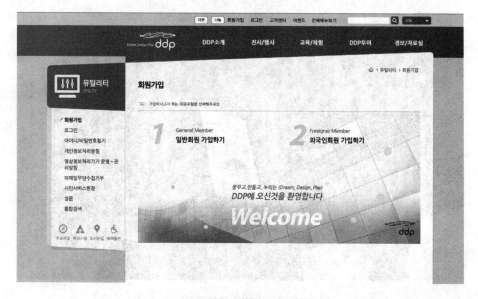

图 6-5　网页顶部和左侧结合设置导航栏示例 2
(http://www.ddp.or.kr/UT010001/getInitPage.do?MENULEVEL=6_1_1)

图 6-6 网页右侧设置导航栏示例 1
（http://www.powerofdreams.ch）

图 6-7 网页右侧设置导航栏示例 2
（http://www.buildinamsterdam.com）

图 6-8　网页右侧设置导航栏示例 3

(http://www.buildinamsterdam.com)

图 6-9　网页右下方设置导航栏示例

(http://www.kaisersosa.com)

4. 网页中部

导航栏放置在网页中部的做法可以让用户的视觉注意力第一时间集中在此,页面上所有的文字和图像信息都围绕导航栏服务,用户可以最直接地确定自己的位置并寻找下一步的信息引导,如图 6-10 所示。这样的导航放置方式比较适合信息内容较少,甚至整张页面仅有导航栏存在的网页,如图 6-11、图 6-12 所示的情况。一般来讲导入页更适合采用这样的做法。

图 6-10　网页中部设置导航栏示例 1
(http://www.petenottage.co.uk)

以上对导航栏的放置位置做了简单的总结,当然并不是仅有以上四个位置适合导航栏。网站导航栏的位置在什么地方最合适需要根据网站的主题、界面、风格、版式等各种因素的综合分析来设置。

6.1.2　导航的表现形式

随着网页开发技术的不断更新变化以及一些非典型的网页设计形式出现,网页设计者纷纷尝试与以往不同的导航表现形式,其表现手法也更多样化:文字、手绘、图

第6章　网页设计中需要注意的一些细节　133

图 6-11　网页中部设置导航栏示例 2
（http://kt-sports.co.kr/sports/site/main.do）

图 6-12　网页中部设置导航栏示例 3
（http://johnjacob.ca）

像、图表、纯色等,如图 6-13～图 6-16 所示。这类设计打破常规建立新的格局,打造出让人耳目一新的网页,使网页不仅看起来更有趣,而且更加实用。

图 6-13　网页中新型导航设计示例 1
(http://www.mba-multimedia.com)

图 6-14　网页中新型导航设计示例 2
(http://www.wowmakers.com)

第6章 网页设计中需要注意的一些细节 135

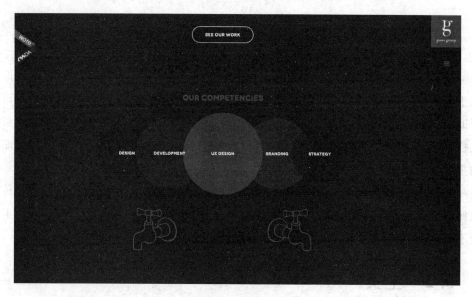

图 6-15 网页中新型导航设计示例 3
(http://ponscreative.com)

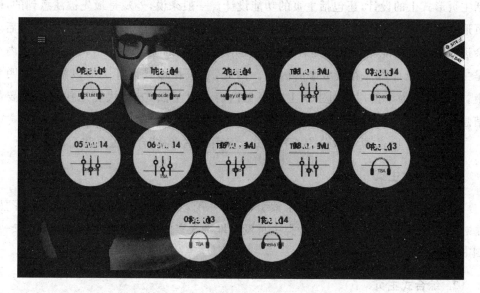

图 6-16 网页中新型导航设计示例 4
(http://www.henrysaiz.com)

6.1.3 导航设计中需关注的问题

这里需要说明的是,为了保证网页导航系统的功能,无论导航栏以什么样的形式或手法表现,导航栏中的每个链接都应当有一个描述性的文字,这样做的目的是可以帮助用户认识到他们在网站的什么位置,以及如何能到达他们的目的地。同时次级导航栏、检索字段及外部链接等作为页面导航的补充,不应当成为页面的主要部分而影响主导航栏的作用。

另外,对于同一个网站来说,所有导航栏的布置必须保持一致,这是保证信息传递流畅的必要条件。如果导航栏位置或风格不一致,或者同一个控件在不同的页面上功能不同,势必会引起使用上的混乱而影响网站信息的传递效率。

6.2 主页

主页是一个网站的门户,用户对网站的印象如何,主页的作用至关重要,这不仅包括主页形式上的设计,还包括主页的功能设计。一般来说,外观是最先被注意到的,网页形式的第一视觉印象会显著影响用户对网站的价值判断——用户被形式吸引后才会进而关注其功能。所以如何方便用户使用,以更快的速度找到所需要的网页内容是主页功能设计需要着重考虑的因素。因此,主页在形式设计上应以醒目、简明为上,目的就是为了使用户对主页上的视觉内容一目了然,方便快捷地找到所需要的信息。

一般情况下,主页大致分为三种形式:索引式主页、综合式主页和个性化主页。

1. 索引式主页

这类主页上有全部内容的目录索引,图文并茂,看上去美观简洁,内容一目了然,是一种较受推崇的设计形式。这类主页没有堆砌太多的装饰使画面显得过于复杂,如图6-17~图6-22所示。

2. 综合式主页

还有一些网站出于速度和操作简便的考虑,往往采用综合式主页,将栏目、索引功能、模块、标题、提要、图片等内容一并显示在主页上。这种形式的主页需要认真

图 6-17　索引式主页示例 1
(http://flavinsky.com/home)

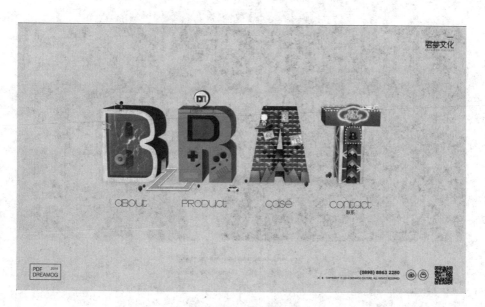

图 6-18　索引式主页示例 2
(http://www.dreamog.com/#home.html)

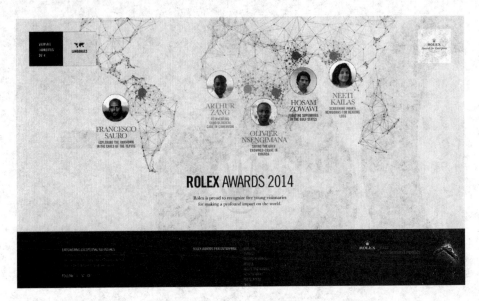

图 6-19 索引式主页示例 3

(http://magazine.rolexawards.com)

图 6-20 索引式主页示例 4

(http://www.tilde.io)

图 6-21　索引式主页示例 5

(http://abemoeko.com)

图 6-22　索引式主页示例 6

(http://www.fandimehokeju.sk)

规划主页上的内容,以免使页面混杂,影响网页信息的传递,如图 6-23~图 6-26 所示。

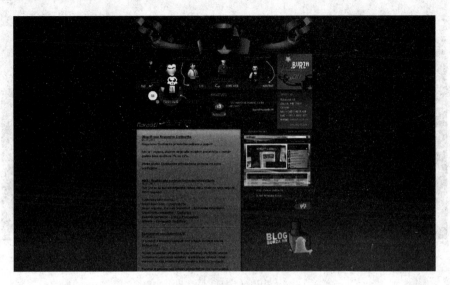

图 6-23　综合式主页示例 1

(http://www.web.burza.hr)

图 6-24　综合式主页示例 2

(http://www.m-park.co.kr)

图 6-25　综合式主页示例 3

(http://www.marco-z.com)

图 6-26　综合式主页示例 4

(http://www.kiawahisland.com)

3. 个性化主页

个性化主页对主要功能要件与主要视觉内容有独到的设计，使网页形成了独具创意的风格类型，比普通类型的网页更具有视觉吸引力。例如有些网站有一个封面式的导入页，这种导入页没有庞杂的内容，通常只有网站名称和一个进入的链接，单击之后才进入主页。这样的导入页也担任着主页的一部分功能，它的作用更简洁明了，用户可以更直观地寻找到所需内容，但这种导入页式的主页只适合网站内容信息较少的、网站主题小众化的网页，如图 6-27～图 6-29 所示。

图 6-27　个性化主页示例 1
(http://material.cmiscm.com)

图 6-28　个性化主页示例 2
(http://gifmylive.arte.tv/fr)

图 6-29　个性化主页示例 3
(http://pearhosting.com)

6.3　页脚

在网站中，页脚可能是最容易被忽略的部分。它经常被用来放置一些版权说明性文字，或是几个不太重要的链接，再或者是一个 LOGO 及指向法律说明页的常用链接。对于这种毫无生趣的页脚来说，当用户浏览到页面底部的时候，不知道还能做些什么。但是已经有一些设计师开始注意到这个可使用和扩展的页面空间，并制作出一些功能性很好的页脚，这样的页脚不仅仅是基本链接和版权说明，还包括一些扩展的网页导航以及社会媒体内容，可以友善地将读者引导到其他内容上去。

制作功能性页脚有可能会产生这样一个结果——页脚尺寸变大，但是如果合理地规划页脚和页面的整体比例，页脚部分将会是一个页面不可或缺的组成部分。如图 6-30 所示的那样，页脚甚至占据了一整屏的空间，但是设计师相当于设计了两个页脚，其中一个是传统类型的页脚，另一个则是有帮助作用的页脚，用来帮助引导用户转到其他的有用部分，这里的页脚相当于承担了一部分微型门户的首页作用。图 6-31 所示的网页则是更直接地将导航栏放置到页脚的位置，这样的做法和传统的网页设计习惯是相违背的，但在使用功能上却没有任何障碍。这样的例子告诉我们，设计没有任何墨守成规的法则，只有如何让形式和功能结合更完美的各种创新。

网页界面艺术设计

图 6-30　网页中页脚设计示例 1
(https://zh.airbnb.com/?cdn_cn=1)

图 6-31　网页中页脚设计示例 2
(http://event.toyota.com.tw/2014_summerbeach/)

6.4　网页中的图形符号

图形符号在我们身边随处可见，相对于文字，图形符号在认知方面有着不可替代的优势。文字传达内容需要思维转换过程，图形符号的表达方式则更直接、更明确，可以在小得多的空间中容纳，且更容易被识别。图形符号的基本意义是运用视觉图形建构符号，用符号传达信息，并最终使图形符号透过其传达与接受信息的互动而实现观看者的认知功能。基于种种便利优势，图形符号在网页上使用的频率很高，如图 6-32～图 6-34 所示。

图 6-32　网页中图形符号的使用示例 1
（http://www.popwebdesign.net）

需要注意的是在图形符号设计中，只有符合视觉规律的图形符号才能起到传递信息的作用，而不符合视觉规律的图形符号则容易造成混乱。图形符号的设计不是单靠设计师的灵光一现信手拈来，而是必须尊重用户知觉和思维习惯，能够使用户不需要努力思考而理解这些信息所表达的含义。所以网页中的图形符号应当尽可能地保持简单一致，让用户在享受图形符号直观的视觉体验的同时还能够轻松理解它们的用处。

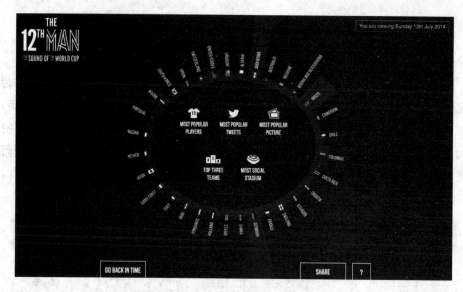

图 6-33 网页中图形符号的使用示例 2
(http://bookmakers.co.uk/12th-man/)

图 6-34 网页中图形符号的使用示例 3
(http://www.palwo.com)

网页中的图形符号与其他图形艺术表现手段既有相同之处，又有自己的艺术规律。图形符号设计不可能像写实绘画的形式那样强求形似，而是以图形化的方式进行组织处理，在强化形态特征的同时简化结构，形成一种单纯、鲜明的特征来呈现所要表达的具体内容。

一般情况下，网页中的图形符号设计应遵从以下几个基本原则。

(1) 尽可能借用

在进行图形符号设计时，应先看有无现成的图形符号可以借用。因为网页中的图形符号是为了让用户迅速、简单的认识并使用，一些已有的图形符号已经具备了人们所熟知的某些含义的优势，不容易产生理解上的困难。当然，为了确保用户的快速理解也可以做适当的修改。

(2) 功能和形式的统一

任何符号元素必须要有意义，而不是随意的视觉装饰，设计师不能舍本逐末，要看符号信息在多大程度上与受众相连，图形符号如何传达内容，要注意功能和形式的统一。

(3) 一致性和连贯性

由于网页具有多屏、分页显示的特点，所以网页中图形符号保持一致性和连贯性显得尤为重要。具体要求是：图形符号的设计风格，图形的要素，图形的寓意，图形色彩、大小、比例等要一致，以保证图形符号标准化的实现，确保用户能够顺利快速地获取网页信息。

(4) 易识别性

网页中的图形符号必须具有极强的可识别性，传达的信息必须具体而准确，否则它就丧失了存在的意义。网页中图形符号的可识别性取决于多项因素，过于复杂的符号使人们难以辨识，过度简化的图形符号容易与另外的符号混淆。另外，设计符号时还要考虑其本意及与其相关含义的可能性演绎，以避免在图形和其本意之间产生歧义。

(5) 确定用户群

设计图形符号时还必须考虑特定的网络用户群，不同的用户群具有不同的认知特点；此外，还需要考虑到不同地区文化的差异性，在一种文化语境下理解的事物换做另外一个文化语境就可能不被理解甚至产生歧义，所以在设计图形符号的时候，要充分考虑到不同用户在理解上的差异，要确保不发生理解上的困难和偏差。

随着网络技术的发展,网页中的图形符号的表现手法日趋多样化,表现效果也更加细腻,图形符号的表现力大大增强,但无论如何变化,其基本设计原则和目标是不变的。正如著名的图标设计师 Susan Kara 认为的那样:好的图形符号设计应该是在同类中易懂、易读、易识别的,而不是说明解释,一个好的创意应该以清晰、简明、给人印象深刻的方式表现出来。

附录　参考网站

http://www.yojin.co.kr/eng/common/main.asp
http://www.thisisnowexhibition.com
http://www.pegadaecologica.org.br
http://www.nerisson.fr
http://www.gonzelvis.com
http://duplos.org
http://vwbeetle.cn/pc/
http://sberbank1.ru/#about
http://www.goodbytes.be
http://www.janmense.de
http://magazine.vilebrequin.com/en/
http://www.sjobygda.no/en/
http://www.flatvsrealism.com
http://www.floridaflourish.com
http://www.gavincastleton.com/index2.htm
http://www.glossyrey.com
http://dribbble.com/shots/829473-YouTube-redesign/attachments/86393
http://www.eco-environments.co.uk
http://www.frexy.com
http://www.millionokcps.com/home#
http://www.svkariburnu.com
http://www.vtcreative.fr
http://www.backbeatmedia.com
http://teamexcellence.com
http://trentcruising.com
http://www.petaholics.com
http://shop.giraffe.net
http://aprilzero.com
http://store.samsung.com/_ui/desktop/static/uk/Galaxy_S5/index.html
http://www.eatsleepwork.com
http://www.powerofdreams.ch
http://www.lg.com/global/g3/index.html#prRoom_news

http://www.work.go.kr/
http://www.imagekorea.co.kr/script/main/
http://www.ppoqq.com/home.html
http://ultime-recours.com/#!/home
http://nnnavy.jp/#/main/west_3624
http://www.petenottage.co.uk
http://www.fontwalk.de/03/
http://www.gidmotion.com
http://outdatedbrowser.com/en
http://runbetter.newtonrunning.com/products
http://www.thinkingofyou.com.au
http://w-not.rur
http://fixate.it
http://www.toyotown.jp/drive-go-round/
http://volkswagen-coccinelle.fr/#/
http://nedd.me/en/
http://ledbow.cz/home
http://weareyours.com
http://www.antingnewtown.com
http://runbetter.newtonrunning.com/menu
http://www.mobee.tm.mc
http://www.volvotrucks.com
http://www.zensorium.com/tinke/
http://www.megacultural.art.br/web/
http://www.megacultural.art.br/web/#contato
http://www.fontwalk.de/03/
http://will-harris.com/index.html
http://moadoph.gov.au
http://www.caofashion.com.br
http://gilgul.co.il/eng.html
http://www.ox.ac.uk/#
http://kucd.kutztown.edu/index.php
http://ashford-ashford.com
http://www.hioscar.com
http://legraphoir.com
http://circlesconference.com
http://www.petit-mariage-entre-amis.fr
http://www.welcomewebstudios.com

http://www.akitchen.fr
http://javierguzman.nl
http://delabanda.com/#delabanda
http://holidaycards.bamstrategy.com/2012/#i2-capital
http://www.iamjamie.co.uk
http://ryankeiser.net
http://www.acceptjoel.com
http://www.hud.ac.uk
http://www.merrypixmas.com
http://jinglejoes.com
http://www.natgeoeat.com
http://www.hochburg.net/de/
http://www.teamfannypack.com
http://feedstitch.com
http://www.guillaumebouvet.com
http://www.victorinoxwatches.com/en/
http://www.navercultures.com/ko/index
http://www.dewitt.ch
http://tndl.hankooktire.com/kr/main/index.do
http://andersdrage.com
http://uk.protectyourbubble.com/iphone-timeline/
http://www.solid.co.kr/front/index.asp
http://www.peninsula.com/en/default
http://www.localmineralwater.com/our-range/naturals
http://www.jesuisunicq.com/home
http://uvo.kia.com/uvo_new/main/index.html
http://itsonus.org
http://www.feriasparacurtir.com.br/apresentacao
http://thecolorsofmotion.com/films
http://new.kaspersky.com
http://www.fullvita.co.kr/
http://www.health-on-line.co.uk/smoking-lung/
http://karaagekun.lawson.jp
http://www.kbsn.co.kr/kids/main.php
http://givehollandabreak.d.shcc.nl
http://www.barleytea.co.kr/barleytea_1409/index.asp
http://www.natrel.ca/fr
http://vwbeetle.cn/pc/

http://www.eberamaya.com
http://www.whygowild.com/en
http://carolinawildjuice.com
http://facemother.co/browser/
http://iam.princetennis.com
http://teamvestaswind.vestas.com
http://air-social.com
http://www.bmsns.com
http://www.solidgiant.com
http://expeditionnorthernlights.com
http://rosewaterfilm.com
http://www.intuitionhq.com
http://www.freresdencre.com
http://brandoncjohnson.com
http://theinjury.com.au
http://dagobert.com
http://kenjiendo.com
http://forrst.com/
http://www.blinksale.com
http://air-social.com
http://www.extreme-sensio.com
http://itsmylife.cancer.ca/index-en.html#!page=2
http://www.vinciweb.com.br
http://barcampomaha.org
http://www.lighthousebrewing.com
http://www.03july.com
http://www.mcdonalds.com.cn/cn/ch/index.html#
http://www.whiskyblender.com/index.php?
http://www.ddp.or.kr/UT010001/getInitPage.do?MENULEVEL=6_1_1
http://www.powerofdreams.ch
http://www.buildinamsterdam.com
http://www.kaisersosa.com
http://www.petenottage.co.uk
http://kt-sports.co.kr/sports/site/main.do
http://johnjacob.ca
http://www.mba-multimedia.com
http://www.wowmakers.com
http://ponscreative.com

http://www.henrysaiz.com
http://flavinsky.com/home
http://www.dreamog.com/#home.html
http://magazine.rolexawards.com
http://www.tilde.io
http://abemoeko.com
http://www.fandimehokeju.sk
http://www.web.burza.hr
http://www.m-park.co.kr
http://www.marco-z.com
http://www.kiawahisland.com
http://material.cmiscm.com
http://gifmylive.arte.tv/fr
http://pearhosting.com
http://zh.airbnb.com/?cdn_cn=1
http://www.popwebdesign.net
http://bookmakers.co.uk/12th-man/
http://www.palwo.com

参 考 文 献

1. Patrick McNeil. 网页设计创意书(卷2)[M]. 北京：人民邮电出版社，2011.
2. Jason Beaird. 完美网页的视觉设计法则(第2版)[M]. 北京：电子工业出版社，2013.
3. 保罗·M. 莱斯特. 视觉传播：形象载动信息[M]. 北京：北京广播学院出版社，2003.
4. 鲁晓波，詹炳宏. 数字图形界面艺术设计[M]. 北京：清华大学出版社，2006.
5. Ben Shneiderman. 用户界面设计[M]. 北京：电子工业出版社，2005.
6. 林家洋. 图形创意[M]. 哈尔滨：黑龙江美术出版社，2004.
7. 鲁道夫·阿恩海姆. 艺术与视知觉[M]. 成都：四川人民出版社，1998.
8. 杰夫·卡尔森，托比·玛琳纳，格雷·弗莱斯曼. 最佳网页设计——导航[M]. 北京：中国轻工业出版社，2001.

后　　记

  2015年1月17日凌晨,在经历了各种拖延、杂事和努力之后,这本小册子终于完成了它最后一个字的修改。完成的那一刻,最想对出版社的刘向威老师说:"非常抱歉并非常感谢您!"因为您的支持,使我得以将这本小册子完成并出版,也感谢您的包容,让我有足够的时间来完成它。

  这本小册子虽然内容不多,但是付诸了我满心的努力,希望它能为网页设计行业的发展增加一点点的帮助。

  最后,感谢我的家人在完成此书过程中对我的帮助和支持!也希望我的母亲能够看到这些,我想她一定会感到欣慰!

前 言

2015年1月17日夜在东北工业神谱道上，突然上天空下来一个...